# 编程升学规划一本通

汪阳青◎著

電子工業出版社
Publishing House of Electronics Industry
北京 · BEIJING

内 容 简 介

《编程升学规划一本通》是一本专为家长编写的编程升学规划指导手册。作者汪阳青，既是一家编程教育公司的创始人，也是一位正在教女儿学习编程的父亲。他结合多年的编程教育和育儿经验，在书中详细阐述了如何通过编程学习，为孩子规划出理想的学业道路。

本书深入解析了编程学习的重要性、常见误区并给出了实用建议，探讨了编程启蒙方法，覆盖了从基础的图形化编程到高级编程语言（如 Python 和 C++）等内容。书中不仅系统地整理了编程学习资源和升学途径，旨在帮助家长能够更好地了解和选择最适合孩子的编程学习路线，还包含真实案例，展示了家长如何在孩子的编程学习过程中进行有效的规划和引导，以及如何利用编程竞赛获奖证书来提升孩子的学业竞争力。

无论孩子是编程学习的新手，正在考虑是否开始，还是已在路上，寻求脱颖而出的方法，本书都能为家长提供宝贵的指导和支持，帮助家长和孩子少走弯路，进行高效的编程学习。



**图书在版编目（CIP）数据**

编程升学规划一本通 / 汪阳青著. -- 北京 : 电子工业出版社, 2024. 10. -- ISBN 978-7-121-48880-1

Ⅰ. TP311.1-49

中国国家版本馆 CIP 数据核字第 2024703CZ3 号

责任编辑：孙学瑛
印　　刷：北京雁林吉兆印刷有限公司
装　　订：北京雁林吉兆印刷有限公司
出版发行：电子工业出版社
　　　　　北京市海淀区万寿路 173 信箱　　邮编：100036
开　　本：720×1000 1/16　　印张：12.75　　字数：208 千字
版　　次：2024 年 10 月第 1 版
印　　次：2024 年 10 月第 1 次印刷
定　　价：59.00 元

凡所购买电子工业出版社图书有缺损问题，请向购买书店调换。若书店售缺，请与本社发行部联系，联系及邮购电话：（010）88254888，88258888。

质量投诉请发邮件至 zlts@phei.com.cn，盗版侵权举报请发邮件至 dbqq@phei.com.cn。

本书咨询联系方式：sxy@phei.com.cn。

# 前言

中国的家长太难了！

难道只有猛拼成绩才是孩子唯一的出路吗？

并非如此！在当今社会，教育竞争异常激烈，许多家长认为，只有通过拼命提高孩子的应试成绩，才能确保他们拥有光明的未来。然而，这种观念是否真的正确呢？

一个偶然的机会，让我与多年未见的老友李明在一家宁静的咖啡馆不期而遇。他已是两个孩子的父亲，一个孩子即将上高中，另一个孩子仍在读小学。我们的交谈自然而然地聚焦到了孩子的教育问题上。在整个对话中，李明的表情和言谈间流露出深深的忧虑。

他无奈地表示："你知道吗？如今的教育压力实在太大。我家老大即将面临中考，每天除了上学，还要参加补习班。回到家后也闲不下来，得写作业、复习课程内容，经常忙到深夜。我看着都感到疲惫不堪，更别提孩子自己了。"在中国，许多家庭都面临着类似的情境，孩子的升学问题给家长们带来了巨大的压力。

李明继续说："我和妻子也考虑过减轻他的负担，但如今人人都在'卷'，如果不上补习班，孩子在学校就可能跟不上。我们不想给孩子太多压力，但又不得不面对现实。"这番话让我陷入了沉思。实际上，中国家长的焦虑和压力并不仅仅来自孩子的应试成绩，更深层次体现的是对孩子未来的担忧，以及对激烈社会竞争的反应。家长们期望孩子未来能过上更好的生活，走得更远。这种期望是完全可以理解的。然而，过度的焦虑和压力往往会影响孩子，给负担沉重的孩子再加上一层压力。而孩子的承受能力有限，反过来又会影响家长，从而形成一种恶性循环。那么，如何才能打破这种恶性循环呢？

作为家长，我的经验告诉我，传统的成绩竞争并非唯一的出路。世界上存在许多其他途径，可以让孩子脱颖而出，其中之一就是发掘和培养孩子的特长，并鼓励他们参与各类竞赛，例如，编程竞赛。

参加编程竞赛不仅能够衡量孩子在编程和算法知识方面的能力，更是开启未来教育和职业机会的关键。对孩子而言，参加编程竞赛有多种实际益处，如下所述。

提升解决问题的能力：通过解决各类编程难题，孩子可以锻炼自己的逻辑思维和问题解决能力。

增强团队合作与交流能力：团队赛事鼓励孩子协作，培养团队精神和沟通技巧。

学习先进的编程和算法知识：在参赛过程中，孩子将接触高级的算法和编程技术，这对他们的学术和职业发展都极为有益。

升学优势：在升学过程中，编程竞赛的获奖经历是孩子特长和优势的重要体现，尤其是对理工科专业的申请更为有利。

谈及升学优势，我想分享一个关于通过学习编程进入名校的真实故事。这个孩子来自陕西省的一个小镇，家境并不富裕。他的父母深知教育的重要性，但同时也对孩子未来的升学之路充满担忧。幸运的是，这个孩子的数学成绩一直很出色，这让他的父母看到了希望。经过深思熟虑，他们决定让孩子尝试成为科技特长生，以此增加他考入重点学校的机会。

于是，家长找到了我。起初，孩子对编程了解不多，但他良好的数学基础为学习编程提供了有力支撑。凭借坚持不懈的努力，到初二时，他在CSP（全国信息学奥林匹克竞赛的前置比赛，非专业级别的软件能力认证）中荣获一等奖。这不仅极大地提升了他的自信心，也让他看到了自己在编程领域的潜力。在这一鼓舞之下，这个孩子从初三开始更深入地学习编程，并参加了CSP-S的训练。他的努力得到了回报：在当地一所重点高中的科技特长生招生考试中，他凭借出色的表现被录取。高中期间，他继续参加全国信息学奥林匹克联赛及竞赛的强化训练。他的持续努力最终收获了成果——在一次全国性比赛中，他摘取了银牌。这一成果不仅在他家所在的小镇引起了轰动，也为他敲开了中国知名大学的大门：入围了清华大学强基计划。

他的故事并非独一无二，在他之前和之后，我们这里还有许多孩子通过参加编程竞赛，走上科技特长生的道路，提升了学业竞争力。他们的故事充分证明了编程竞赛不仅能够为个人带来荣誉和自我成长的机会，更是一座通往更广阔未来的桥梁。

编程不仅能为孩子打开通往优质高等教育的大门，还能助力他们在个人兴趣和潜能上获得发展。在本书中，我详细阐述了编程学习的重要性、学习路径并给出了实用建议。孩子们阅读后能清楚地了解自己处于编程学习的哪个阶段，以及未来应努力的方向。家长们阅读后能深入理解编程学习的各个阶段及路径，为孩子制订个性化的学习计划，规划更好的教育道路。因此，无论是孩子还是家长，阅读本书都能获得清晰明确的指导。

在过去十年的育儿和编程教育实践中，我深刻认识到，引导孩子探索自己的热情所在，加强实践能力的培养，是帮助孩子规范升学和未来发展的关键。让我们作为孩子的引路人，共同探索更多元的成长路径。

在本书的写作过程中，衷心感谢乔斯教研团队的王京波、苗萌、曹明静、张艳丽、李瀚铭、赵蕊、赵丹丹等老师的专业贡献。我对每一位参与图书审校的团队成员致以最诚挚的谢意。

尽管编程教育有助于培养孩子的逻辑思维、系统分析、批判性思考、问题解决和自我反思等关键技能，但编程教育和育儿都是充满变数的复杂领域，本书所呈现的内容可能仅是冰山一角。鉴于时间和资源的限制，书中难免会有疏漏和不足。我们衷心希望读者能够提出宝贵的意见与建议，以帮助我们不断改进和完善。

汪阳青

2024 年 10 月

# 目录

## 第 4 章 编程，应该怎么学 / 38



## 第 5 章 相关赛事 / 85

# 第 1 章
# 我和编程的结缘

## 1.1 我和她之间的故事

在我的人生旅程中，我从航空航天大学毕业，怀揣着对天空的无限憧憬，进入了一家令人羡慕的大型企业，成为了一名技术高管。那时，我以为自己的职业生涯已经达到了巅峰，每天忙碌而充实。然而，当生活赋予我一个重要角色——成为一名父亲后，我才深刻地认识到，做一个好父亲远比面对工作中的任何挑战都要困难。看着那两个依赖着我、爱着我的小生命，我开始反思生活的真正意义。经历了一番心灵的挣扎与斗争，我做出了一个决定，那是我生命中的一个转折点——我选择辞去工作，全职在家带娃。这个决定让我面临了前所未有的挑战，但也给我带来了前所未有的幸福。

在女儿五岁那年，为了寻找我俩共同的兴趣爱好，我带她开始学习编程。起初，这只是希望通过玩要的方式让孩子爱上学习，但出乎意料的是，编程犹如一盏明灯，点亮了孩子心灵的每个角落，激发了她对世界的探索欲望。看着她在计算机前聚精会神的模样，看着她把自己亲手编写的程序一个个运行起来，我感受到了空前的喜悦和成就感。编程不仅成为我和孩子之间的桥梁，也让我看到了教育的另一种可能性。

随着时间的推移，我开始思考，如果编程能给自己的孩子带来如此大的乐趣和收获，那么它一定也能帮助更多的孩子。这个念头就像一颗种子，在我心中悄然生根。

我决定将这份爱好和热情转变为一种使命：希望通过编程教育，让更多的孩子发掘自己的潜能，享受创造的乐趣。从技术高管到全职爸爸，再到编程教育公司创始人，我的身份虽然经历了多次转变，但内心的信念却始终如一。我相信，每个孩子都拥有无限的可能，而我，作为一位父亲、一名编程老师、一个编程教育公司的创始人，只是帮助他们启航的人。

这条转变之路并非一帆风顺，但每当我看到孩子们眼中因编程而闪烁的光芒，我就知道，所有的努力和付出都是值得的。我从未想过，自己有一天会成为一名编程老师，更没想到会因此创立一家公司。但生活总是充满惊喜，它赋予我坚韧的品质，也让我深刻理解到，真正的成功并不在于职位的高低，而在于我们给这个世界所带来的积极影响。我的故事，就是这样从父亲和孩子一起编程开始的。

## 1.2 全球为何掀起编程学习热潮

在我开始教女儿编程的那个时候，编程远不如现在这般广受欢迎。随着信息技术的飞速发展和互联网时代的到来，尤其是人工智能技术的兴起，编程已经不再是专业人士的专属领域。它逐渐走进了千家万户，成为新时代技能教育的重要组成部分。

我们正处于一个科技引领变革的伟大时代，新技术日新月异。互联网、人工智能、大数据等信息技术正在重塑我们的生产方式、生活方式乃至思维方式。无论是语音识别技术，还是自动驾驶技术，其背后的驱动力都源于编程。作为一种基础技能，编程已渗透到我们生活的方方面面，被誉为“未来的新语言”。编程学习的热潮正日益兴起。

在全球范围内，各国纷纷重视编程教育的推广。从欧洲的英国到亚洲的新加坡，再到我们的祖国中国，编程已被纳入基础教育的一部分。从小学到大学，编程开始被纳入升学通道，其重要性在教育系统中日益凸显。众多学校开始开设编程课程，很多家庭也纷纷为孩子报名学习编程，因为他们看到了一个明确的方向：掌握编程，即掌握未来。

编程，乍看之下可能只是一串复杂的代码和算法，但其实更是一种思维训练。它教会孩子们如何进行逻辑推理，如何面对和解决各种问题，以及如何从无到有地创造。在编程的世界里，孩子们不再是被动的知识接受者，而是变成了主动的创造者。他们运用自己的智慧和创意，编写出属于自己的程序，构建出独特的数字世界。编程教育不仅激发了他们的探索精神，而且在遇到新事物和挑战时，提升了他们的决策力和创新能力。

更重要的是，编程在培养孩子们的问题解决能力的同时，也提升了他们的创新能力。在现代社会，我们急需的是能够在快速发展的世界中独立思考、终身学习、适应不断变化环境的新一代。编程就是这样一种工具，它能帮助孩子们形成解决问题的能力，甚至创造新的解决办法。因此，编程不仅是一种技术，更是一种思维方式、一种逻辑训练，也是适应未来社会发展所必需的技能。

总的来说，编程的全球热潮是一个必然的结果。它与当今的时代背景完全吻合，紧贴时代的发展脉络。科技的不断进步已经改变了我们的生活，而编程作为科技发展的重要驱动力，将会不断地影响我们的未来。从个人角度来说，学习编程能使我们领先于时代，立于潮头。在宏观层面，政策的推动和教育的改革都说明了编程教育的重要性，这不仅是对个人负责，更是对社会、对未来负责。面对编程的热潮，每个人都不应袖手旁观，忽视编程，就等于忽视未来。

## 1.3 编程学习能给下一代带来什么

在数字化和信息化的时代背景下，编程学习对下一代的重要性不言而喻。在过去十年的编程教育旅程里，我深刻体会到编程对孩子们产生的巨大影响，具体有以下几点。

## 锻炼逻辑思维和解决问题的能力

编程本质上是一种解决问题的过程。它要求学习者不仅能够明确问题，还需要能够逐步拆解问题，并找到解决问题的最优路径。这一过程对逻辑推理能力的培养是极其重要的。例如，孩子们在编程中学习如何使用条件语句、循环语句等逻辑结构来控制程序的执行流程，这不仅能够帮助他们在学习编程时思考问题，也能在生活中更好地运用逻辑推理来解决问题。

## 提升数学思维

编程与数学之间存在着密不可分的联系。很多编程任务都需要运用数学知识来解决，例如算法设计、数据分析等。通过编程，孩子们可以在实践中学习数学概念和理论，将抽象的数学知识转化为具体的编程实践，这样不仅能够增强他们对数学知识的理解，还能提升他们的数学思维能力。

## 缓解升学压力，提供新的学习通道

随着编程被越来越多的国家和地区纳入中小学乃至大学的教育体系中，编程的成绩和能力也开始被作为升学的一个重要参考。在一些国家和地区，孩子的编程能力甚至直接关系到他们是否能够进入理想的中学或大学。这为那些在传统学科上可能不占优势但在编程上有天赋的孩子提供了新的机会，从而减轻了他们在传统升学道路上的压力。孩子们可以通过编程竞赛、项目实践等方式展现自己的编程才能，通过这些非传统的学习成果获得学校的认可，从而为自己赢得更多的学习和发展机会。

## 掌握科技前沿，满足人才需求

随着人工智能、大数据、云计算等技术的快速发展，对于具备编程技能的人才需求日益增长。编程学习能够使孩子们从小接触并了解这些前沿技术，为他们日后进入这些领域打下坚实的基础。在这个以技术驱动为主的时代，掌握编程技能无疑是走向成功的重要一步。

### 未来工作前景

在未来的就业市场中，编程技能将成为一种通用技能，就像英语的能力一样。不仅仅是传统意义上的IT行业，金融、医疗、教育等行业也越来越多地依赖于编程技能。因此，学习编程能够为孩子们在竞争激烈的就业市场中提供更多的职业选择和职场优势。

### 拓宽视野，与世界接轨

此外，随着在线教育平台的发展，编程学习资源越来越丰富，孩子们可以根据自己的兴趣和节奏来学习编程。这种学习方式的灵活性进一步减轻了孩子的学习压力。他们可以通过网络课程、开源项目参与、在线编程竞赛等多种方式学习编程知识和技能，也能够与全世界的编程学习者交流和竞争，拓宽视野，增加实践经验。

综上所述，编程教育对下一代的重要性不仅在于技能的培养，更在于它提供了一种创新的思考方式和解决问题的方法。通过编程学习，孩子们能够增强逻辑思维、提高解决问题的能力和数学思维，同时紧跟科技的前进步伐，满足未来社会对高素质人才的需求。此外，编程学习还为孩子们提供了一种释放学业压力、拓宽视野和探索未来可能性的新途径。随着社会对编程技能需求的日益增长，编程教育在教育体系中的地位将变得更加重要，成为培养未来创新者和领导者的关键一环。

# 第 2 章 你真的了解孩子吗

## 2.1 现在的孩子有什么不同

在这个科技日新月异、创新层出不穷的时代，现在孩子们的成长环境与我们小时候那个玩泥巴的年代已经大相径庭。我记得在一个周末下午，我女儿的同学来家中玩耍，他们专注地与平板电脑互动，完全沉浸在虚拟世界中。这一幕让我回想起自己的童年，那时的我们，手里拿的是泥巴和树枝，而非光鲜亮丽的电子设备。

成长环境的变化，无疑是最显著的差异之一。我们那个时代的孩子大多生长在相对简朴的环境中，户外活动是日常生活的重要组成部分。夏日的傍晚，我们追逐在田野和小巷中，捕捉萤火虫，或在河边玩耍，用简单的材料和工具制作小船。而现在的孩子，却更多地生活在高楼大厦之中，他们的游戏场所往往是虚拟的数字世界。

在学习方式上，科技已经成为孩子们的重要推动力。现在的孩子们可以通过互联网轻松获取海量的知识，在互联网上学习课程、参与互动讨论、做各种虚拟实验。与我们当年只能依靠书本和有限的教学资源相比，现在的孩子们拥有更多的学习途径和选择，这也让他们能够更广泛、更深入地探索知识的海洋。

在思维方面，现在的孩子们更加开放、多元，并具有创新精神。他们从小就接触各种先进的科技和信息，思维更加活跃，更善于从不同角度思考问题。他们对新事物的接受度更高，更敢于挑战传统，有着更强的探索和创造欲望。他们更加关注全球问题、科技发展等前沿话题，拥有更广阔的视野和更高的追求。

在娱乐方面，现在的孩子们有各种电子游戏、智能玩具等高科技产品，这不仅丰富了他们的娱乐生活，同时也锻炼了他们的手脑协调能力和思维能力。

在实践方面，他们更加积极地参与各种社会实践和创新活动，展现出了非凡的实践能力和创造力。互联网和各种新技术让孩子们能够接触到前所未有的信息和知识，拥有更广阔的视野和无限的可能性。他们可以通过网络课程学习编程，参与远程的国际合作项目，甚至在很小的年纪就开始创业。

教育理念的转变也非常明显。过去，教育更多侧重于知识的灌输和纪律的培养。家长和老师往往期望孩子遵循成人设定的规则，而孩子的个性和兴趣并不总是被充分重视。而现在，人们越来越认识到每个孩子的独特性，注重培养孩子的创造力、批判性思维和解决问题的能力。家长和老师更倾向于引导孩子探索自己的兴趣，鼓励他们勇于尝试，即使这意味着要经历失败。

社会竞争的激烈程度同样有了显著的提升。在我们那个时代，虽然也存在竞争，但整体环境相对温和。大多数人认为，只要努力学习，就能有一个稳定的未来。然而，在今天，随着全球化和技术的快速发展，孩子们面临的竞争更为激烈。他们不仅要掌握传统的学科知识，还需要不断学习新技能，以适应不断变化的世界。

科技的发展无疑给孩子们带来了巨大的影响，它既是孩子们成长的助力，也是他们需要适应的环境。现在的孩子用着我们那时无法想象的方式生活、学习和成长，正以自己独特的方式迎接未来的挑战。我们应该为他们创造更好的条件，让他们在这个充满变化的时代中茁壮成长，成为未来社会的栋梁之材。

## 2.2 阶段性成就感是孩子进步的阶梯

在与家长们的日常交流中，我注意到了一个普遍且令人担忧的现象：孩子们被迫学习大量内容，这不仅让孩子们感到极度疲惫，也让许多家长陷入了深深的焦虑。这种教育模式非但没有给孩子们有效地传授知识，反而使他们对学习产生了强烈的反感，甚至对亲子关系造成了负面影响。在这种高压环境中，孩子们失去了对世界探索的兴趣和动力，变得消极应对。这是一个我们必须认真对待的问题。

教女儿学习编程的亲身经历让我深刻认识到，阶段性成就感对孩子成长有多重要。记得有一次，女儿在尝试制作一个有趣的游戏时多次受挫，她觉得自己无法完成任务。目睹她的沮丧，我决定调整策略，将她的想法分解成几个小部分，让她每次只专注于一个小部分。每当她成功设计出其中的一小部分时，我都会给予她极大的鼓励和认可。通过这种方式，她最终在一个月内完成了她的第一部游戏作品，并从中获得了巨大的成就感。这次经历不仅加深了她对编程的兴趣，也激发了她对探索和思考的热情。

这让我深刻认识到，阶段性的目标设定和成果认可，不仅能够帮助孩子们克服学习中的困难，更重要的是能够激发他们内心深处的学习热情和兴趣。当孩子们在某个阶段达成目标时，他们会感到自豪。这种正面情绪将激励他们在未来的学习中继续努力，不断达成新的目标。

因此，我们应当通过设定阶段性目标和提供积极反馈来引导孩子，而不是让他们在巨大压力的环境中受苦。这样的方法不仅有助于孩子们重拾学习的乐趣，还能逐步建立和谐的亲子关系，使家庭成为孩子成长道路上的坚强支持。

在孩子成长的过程中，每一次跌倒后重新站起来都是一种小成就，每一次突发奇想创作出的作品也是一种成就。在我创业的过程中，我将这一理念融入孩子们的编程学习路径中。我让每个孩子都有机会阶段性地展示自己的才华，参与各种比赛。从简单到复杂，他们在这一过程中逐渐获得属于自己的荣誉和成就。通过这样的方式，孩子们不仅能够建立起自信，还能激发他们的积极性和创造力。

## 2.2.1　阶段性成就感的定义与重要性

阶段性成就感是指在完成目标或任务的过程中，每当达到一个预定的里程碑或完成一个阶段性目标时所产生的满足感和自豪感。在孩子的成长过程中，这种感觉是至关重要的，因为它不仅能够提升自我效能感，还能够增强自信心，从而激励他们继续努力并克服挑战。

孩子在不同的发展阶段对成就感的需求和表现方式各不相同。例如，幼儿可能在学会骑自行车或完成一幅画作后感到自豪，而青少年则可能更加看重学术成就，或体育比赛及艺术比赛中的胜利。

无论是学术竞赛、体育赛事还是艺术表演，赛事准备是获得成功和成就感的关键步骤。这一过程包括设定目标、制订计划、持续训练或练习，以及评估进展。通过这一过程，孩子不仅能够提升特定技能，还能学到时间管理、自我激励和持之以恒等重要的生活技能。

每一次的成功和成就感都是通往更高目标的阶梯。一次小小的胜利可以激发孩子对更大挑战的兴趣和动力，帮助他们建立起追求卓越和不断自我超越的心态。这一过程不仅促进了孩子在特定领域的技能提升，还有助于他们形成积极的人生观和价值观。

成就感是自信心的重要来源之一。每当孩子在某个领域取得进步或获得认可时，他们的自信心也会相应增强。这种增强的自信心又会进一步促进他们在其他领域的尝试和探索，形成一个积极的循环。

成就感在儿童和青少年的成长过程中扮演着至关重要的角色。随着每一个阶段性成就的实现，孩子们的自信心都会得到增强，为他们未来的成功奠定了坚实的基础。因此，家长和教育工作者应该鼓励和支持孩子参与各种活动，帮助他们体验成功的喜悦，从而培养出更加自信、有韧性的下一代。

### 2.2.2 建立孩子阶段性成就感的方法

以下是我总结出来的关于建立孩子阶段性成就感的方法。

1. 设定明确目标：为孩子设定清晰、具体的阶段性目标，让他们知道自己努力的方向。这些目标应既具有挑战性，又要在他们的能力范围内，使他们能够通过一定的努力达成目标。明确的目标会让孩子更有动力。

2. 分解任务：将大目标分解成小任务，让孩子能够逐步完成。每完成一个小任务，他们就能获得一次小小的成就感，这些小成就感的积累会逐渐形成阶段性成就感。同时，分解任务也能让孩子感受到自己的进步，增强他们的信心。

3. 及时反馈与鼓励：在孩子努力的过程中，及时给予他们反馈和鼓励。肯定他们的努力和进步，让他们知道自己的付出得到了认可。积极的反馈能激发孩子继续前进的动力，也有助于建立他们的成就感。

4. 创造展示平台：为孩子提供展示成果的机会和平台，比如举办小型展览、表演等，让他们有机会向他人展示自己的努力成果，获得他人的认可和赞赏。这会极大地增强他们的成就感。

5. 个性化激励：了解孩子的兴趣和需求，采用个性化的激励方式。每个孩子都有自己独特的喜好和动力来源，针对这些特点进行激励，能更有效地激发他们的成就感。

6. 培养成长型思维：帮助孩子树立成长型思维，让他们明白努力和过程的重要性，而不仅仅是结果。即使遇到困难和挫折，也要让他们相信通过不断的学习和努力，总是能取得进步和成就的。

7. 榜样示范：给孩子树立身边的榜样，让他们看到通过努力可以取得的成就。榜样的力量可以激发孩子的上进心，让他们更有动力去追求自己的阶段性目标，从而体验到成就感带来的喜悦和满足。

通过上述方法建立孩子的阶段性成就感，需要我们耐心引导和持续支持。这样，孩子们在成长的道路上就能不断体验到成功的喜悦，从而为他们未来的发展奠定坚实的基础。

## 2.3　编程带给孩子的成就感

编程对孩子来说，不仅是一种技能的学习，更是一扇窗户，让他们能够窥见并探索这个数字化快速发展的世界。在这个过程中，孩子们不仅学会如何与计算机沟通，更重要的是，他们掌握了逻辑思考、问题解决，以及创造性思维的能力。这些技能不仅对他们未来的职业生涯大有裨益，还将使他们在生活中变得更加自信和独立。

当孩子们编写出第一个程序时，哪怕只是一个简单的“Hello, World”，那一刻的成就感往往是巨大的。他们发现自己能够掌控计算机，让它按照自己的指令行事。这种掌控感极大地鼓舞了孩子们，让他们意识到通过自己的努力，他们能够创造出有意义的成果。

随着编程能力的提高，孩子们会开始尝试更复杂的项目，可能是一个简单的计算器、一个小游戏，或是一个互动网站。每完成一个项目，都是一次小小的胜利。孩子们会为自己能够解决问题而感到自豪，为自己能够创造有趣、有用的东西而感到兴奋。

在这个过程中，孩子们不可避免地会遇到挑战和困难。他们可能会遇到 Bug，或者发现程序运行结果与预期不符。然而，正是这些挑战教会了孩子们坚持和韧性。当他们经过不懈努力，最终解决问题时，所获得的成就感远远超过了简单地完成任务。

编程教会孩子们失败并非终点，而是通往成功的另一个起点。他们学会了从错误中学习，而不是被错误吓倒。这不仅是编程的功课，更是人生的重要课题。

更深层次的成就感来自创造。当孩子们利用编程实现自己的创意时，无论是动画故事、游戏还是社交平台，他们实际上是在创造一个全新的东西，将自己的想法和梦想变为现实。这种从无到有的过程，给予孩子们无与伦比的成就感和自我实现感。

在编程的世界里，每个孩子都有可能成为创造者。他们不仅学会了如何使用技术，更重要的是，他们学会了如何利用技术来创造新事物，解决真实世界的问题。这种创造力和解决问题的能力是未来社会最宝贵的资产之一。

编程给予孩子的可能是一种新的表达方式。就像艺术和文学一样，编程也是一种创造性的表达形式。通过编程，孩子们可以将自己的想法、情感和梦想转化为可预见、可交互的数字作品。这不仅是一种技术技能的展示，更是个人内心世界的反映和分享。

在编程学习之旅中，孩子们不仅掌握了技术技能，还学会了合作精神和团队精神。面对大型项目，他们需要与其他孩子或成人协作，共同应对挑战。在这个过程中，孩子们不仅需要表达自己的观点，还要学会倾听他人，协调并整合不同的意见与技能。这样的团队合作让复杂任务变得易于管理，同时也激发了多元思维，带来了更多创新的解决方案。

最终，编程带给孩子们的最大成就感，可能来自他人对自身能力的认可和对社会的贡献。当他们的作品得到家人、朋友或更广泛的社会认可时，当他们的程序能够帮助他人解决实际问题时，孩子们会感受到自己的价值和能力被肯定。这种认可感和社会归属感，是孩子们继续前进和探索新领域的重要动力。

随着技术的不断进步，编程已经成为科学、技术、工程和数学（STEM）领域的基石，也逐渐成为许多其他领域的关键技能。孩子们通过学习编程，不仅为将来可能的 STEM 职业道路做准备，也为自己在任何领域内解决问题和创新打下了坚实的基础。

编程教育也在不断演变，现在有越来越多的资源可以帮助孩子们开始编程之旅：从图形化编程工具到在线课程，从青少年编程竞赛到开源项目。孩子们有无数的机会去学习、实践和展示他们的技能。这些资源不仅降低了学习编程的门槛，也让孩子们有更多机会发掘自己的兴趣和才能。

编程带给孩子的成就感是多方面的，从完成第一个“Hello, World”到解决复杂问题，从个人创造到社会贡献，每一步都能让孩子们感受到成长和进步。在这个过程中，他们不仅学会了编程，更重要的是，他们学会了如何学习、如何思考、如何解决问题，以及如何创新。这些经验和技能将伴随他们一生，成为宝贵的财富。

当我们谈论编程给孩子带来的成就感时，我们不仅是在谈论完成一个项目或解决一个问题的满足感，更是在谈论一种深刻的、多层次的成长和实现个人层面上的自我超越、社会层面上的贡献和认可，以及人类层面上的创造和表达。编程学习，对每个孩子来说，都是一次探索自我、连接世界、实现梦想的旅程。

鼓励和支持孩子们学习编程，不仅对孩子个人的成长和发展有着重要意义，对培养未来社会所需的创新人才、推动科技进步和社会发展也具有深远的影响。在这个充满挑战与机遇的时代，让我们一起为孩子们的明天种下创新和探索的种子。

# 第 3 章
# 编程，到底要不要学

## 3.1 编程的强大力量

很多家长在刚开始了解编程时，可能会这样表达他们的担忧：

“学什么编程！那都是专门搞计算机的人学的，咱孩子将来又不准备当程序员。”

“我不太想让孩子太早接触编程，我怕他们整天沉迷计算机游戏，失去了与现实世界的联系。”

“可是编程听起来很复杂，孩子们真的能学会吗？”

“编程真的有用吗？我担心这只是一时的热门，将来没有太大用处。”

“我不太想让孩子学习编程。我听说编程是坐在计算机前写一堆看不懂的代码，我担心这会让孩子变得孤僻，只跟计算机打交道，而且感觉这技能将来也用不上。”

确实，在我刚开始从事编程教育时，经常听到家长们提出类似的担忧。那时，我常在心中默念，也许有一天，当你们的孩子真正从编程学习中受益时，你们才会认识到编程的吸引力和价值。这同时也让我陷入了沉思：编程究竟在教孩子什么呢？

实际上，编程教育与孩子们玩游戏是有很大区别的。编程远不仅仅局限于计算机或游戏，更是一种能让孩子们学会如何思考、解决问题的教育工具。教育的本质是从简到难，逐步引导。编程学习正是这样一个过程。孩子们先从基础的逻辑思维和问题解决技巧开始编程学习。例如，通过构建一个简单的程序让一个角色移动，孩子们是在学习指令执行的基础逻辑，如顺序、条件判断和循环等。通过学习编程，孩子们可以开发出自己的小游戏、网站甚至是手机应用软件，这些都是将理论知识应用到实践的例子。编程教育培养的不仅仅是编写代码的能力，更重要的是培养解决问题的思维方式。这种能力在任何领域都是宝贵的。

在当今科技时代，编程已成为一项具有变革性的技能。许多名人通过精通编程，实现了命运的华丽转身。例如，比尔·盖茨在 13 岁时首次接触编程。他就读于西雅图的湖滨学校，那里有一台 Teletype Model 33 ASR 终端，这台终端连接到了通用电气公司的一台计算机上。盖茨和他的朋友们利用这台终端学习编程，并编写了一个井字棋游戏。这段经历点燃了他对计算机和编程的热情，并最终引导他走上了创立微软的道路。

马克·扎克伯格在高中时期就开始学习编程。他的父亲聘请了软件工程师 David Newman 来教他编程技能。扎克伯格迅速掌握了编程知识，并在高中时开发了一个名为“Synapse Media Player”的音乐程序，这个程序能够学习用户的音乐聆听习惯。尽管他后来拒绝了微软的工作邀请，但这段经历为他日后创建 Facebook 奠定了坚实的基础。在大学期间，他继续编写代码，并最终创建了全球知名的社交平台 Facebook。

埃隆·马斯克在创建特斯拉和 SpaceX 等高科技企业的过程中，编程发挥了至关重要的作用。在年仅 12 岁的年纪，他便编写了一款名为“Blastar”的太空射击游戏，并成功将其出售给了 *PC and Office Technology* 杂志，赚取了 500 美元的收益。这次经历不仅彰显了他非凡的编程才能，也表明了他早年在商业和技术领域中的敏锐洞察力。

这些名人的成功故事充分证明了编程的强大力量。编程不仅能够帮助个人实现巨大的商业价值和社会影响力，还在推动科技进步、改善人类生活方面发挥着不可或缺的作用。

所以我想告诉大家，编程，这个看似晦涩难懂的词汇，实际上是现代社会与数字化世界沟通的桥梁。它不仅仅是一门技术或工具，更是一种思考方式、解决问题的方法。学习编程远不止学习一门语言或几个命令那么简单。它是一种思维的训练，是对问题解决能力的培养，也是对持续学习和自我提升能力的考验。在这个不断变化的技术世界中，编程是打开新世界大门的钥匙，让我们能够创造、创新，并最终实现自我价值。

## 3.2 人工智能时代要不要学编程

亲爱的家长朋友们，接下来请大家跟随我的脚步，一同走进一间辩论教室，一场激烈的辩论即将在此展开。正方是尼克，他坚持人工智能时代要学编程；反方是玛丽，她坚持人工智能时代不要学编程。

尼克

玛丽

您认为人工智能时代要学编程，还是不要学编程呢？如果您也犹豫不决，那么就和我一起观看这场精彩的辩论赛吧。

**尼克（人工智能时代要学编程）：**“人工智能时代当然要学编程，没有这些制造高科技的人才，哪里有高科技呢？”

**玛丽（人工智能时代不要学编程）：**“我认为，可以不学编程，现在人工智能这么普遍了，学什么编程。想要什么，直接用人工智能生成就可以了，干吗自己去费劲学编程？”

**尼克（人工智能时代要学编程）：**“想象一下，玛丽，如果你会编程，你就可以自定义你的智能家居系统，让它在你每天回家时播放你最喜欢的音乐，还可以把灯光调整为让你最舒适的亮度。这就是编程带给你的超能力！”

玛丽（人工智能时代不要学编程）：“尼克，这听起来确实很酷，但现在不是有智能语音助手可以做这些事吗？我只需要说出我的需求，一切就都搞定了。”

**尼克（人工智能时代要学编程）：**“这的确很不错，但如果你懂得编程，就可以更深入地理解这些智能系统是如何工作的。这种理解能让你更有效地利用它们，甚至开发出自己的应用程序，解决生活中的种种难题。编程犹如掌握魔法，一旦掌握，你就能创造出令人惊叹的成果。”

玛丽（人工智能时代不要学编程）：“好吧，我承认那听起来很有吸引力。但学习编程听起来好像需要很多时间和精力。在这个快节奏的世界里，谁还有额外的时间去学习编程呢？”

**尼克（人工智能时代要学编程）：**“你会惊讶地发现，其实开始学习编程并不像你想象的那样困难。有很多在线资源和平台，可以让你轻松愉快地学习编程。随着人工智能技术的发展，现在甚至有一些编程工具可以自动化地完成很多繁琐的编码任务，让学习过程更加高效、有趣。”

玛丽（人工智能时代不要学编程）：“那倒是个好消息。但我仍然担心，学习编程真的对每个人都有用吗？”

**尼克（人工智能时代要学编程）：**“好问题！虽然不是每个人都需要成为编程高手，但拥有基本的编程知识在当今这个时代绝对是一个加分项。它不仅能提高你的逻辑思维能力，还能帮助你更好地理解和控制周围的技术环境。想象一下，即使是能够编写简单的脚本来自动化完成日常任务，也能极大地提高你的工作效率和生活质量。”

玛丽（人工智能时代不要学编程）：“嗯，你说得有道理。你好像说服了我。”

尼克（人工智能时代要学编程）：“太棒了！”

在人工智能浪潮中，孩子们是否还需要学习编程，成为家长们最关心的话题之一。有人认为，随着人工智能技术的发展，编程将变得不再重要，因为智能机器已经能够自动编写和优化代码，甚至在某些领域超越人类的能力。他们认为，未来的工作将更多地依赖与人工智能系统的协作，而非传统的编程技能。

我认为，正是人工智能的崛起使得编程变得更加重要。编程是一种与计算机沟通的基本能力。尽管人工智能系统可以完成许多复杂的任务，但它仍然需要人类来设计、开发和优化。掌握编程技能，能够让我们更好地理解和运用这些技术，与人工智能进行更有效的互动。

因此，人工智能时代更需要学习编程。尽管如 ChatGPT 和 Sora 等大模型技术取得了显著进步，但这些技术的发展并没有减少编程的重要性，反而增加了它的必要性。

首先，人工智能技术的发展正在改变我们对编程的理解。在 ChatGPT 等大模型的帮助下，孩子们可以更快地学习编程概念，更有效地解决问题。这些工具不是取代了编程教育，而是增强了它，使得编程学习过程更加个性化和高效。

其次，人工智能时代的编程教育不仅仅是学习代码，更是学习如何与人工智能合作，如何利用人工智能来解决复杂问题。这种能力在未来的工作市场中将是无价的。编程不仅是与大模型互动的桥梁，更是理解和创造未来世界的关键。

此外，编程思维——包括逻辑思维、抽象思考和创新能力——在人工智能时代变得更加重要。人工智能技术的发展需要人类不断地提出新的问题，设计新的解决方案，这正是编程思维的核心。通过学习编程，孩子们不仅能够更好地理解人工智能，还能够在人工智能无法触及的领域展现创造力。

最后，随着人工智能技术的普及，编程教育资源变得更加丰富和易于获取。从在线课程到互动编程游戏，孩子们有更多的机会以自己的节奏和兴趣点来学习编程。这不仅使编程学习更加有趣，也使每个孩子都有机会接触到这一重要的技能。当然，我们也不能忽视人工智能给编程带来的一些变化。编程的方式和工具可能会不断更新和改进，但这并不意味着我们可以放弃学习编程。

相反，我们应该与时俱进，不断提升自己的编程能力，以更好地适应这个不断变化的时代。

综上所述，人工智能时代不仅没有减少编程的重要性，反而使它变得更加关键。编程不仅是与人工智能合作的工具，更是培养未来创新者和问题解决者的基石。因此，我们鼓励孩子们学习编程，不仅是为了应对未来的技术挑战，更是为了培养他们成为能够在这个不断变化的世界中蓬勃发展的人才。

## 3.3　在人工智能时代，编程还是一个好工作吗

在这个快速发展的人工智能时代，编程的角色似乎正在发生着微妙的变化。一方面，随着人工智能技术的不断进步，一些重复性、机械性的编

程工作可能会逐渐被自动化取代，这让人们对编程工作的前景产生了一定的疑虑；另一方面，我们也看到，人工智能的发展也为编程带来了新的机遇和挑战，那些具备创新能力、能够深入理解和应用人工智能技术的编程人才，依然备受市场青睐。

那么，在人工智能时代，编程到底还是不是一个好工作呢？这是一个没有简单答案的问题，不同的人可能会有不同的看法。而我们需要做的就是深入了解这个时代的变化，不断提升自己的编程能力和综合素质，以更好地适应这个充满变数的职场环境。现在，让我们共同开启这次关于编程工作在当今时代必要性的探讨之旅，倾听多元的观点，从中汲取有益的启示。

**马克**："我一直在思考，在人工智能时代，编程到底还是不是一个好工作？你怎么看，艾玛？"

**艾玛**："这是个好问题。我认为，即便是在人工智能高度发展的当下，编程仍然是个非常有前景的职业。技术的发展并没有减少对程序员的需求，反而在某些领域加大了。例如，开发和维护人工智能系统本身就需要大量的编程技能。"

**马克**："但是，有人说人工智能最终会编写代码，这不是意味着程序员的工作会变得不必要吗？"

**艾玛**："实际上，虽然人工智能可以辅助编程，比如自动生成代码片段或优化现有代码，但它离独立编写复杂、高质量的软件还有很长的路要走。编程不仅仅是写代码，更多的是解决问题。每个项目都有其独特的需求，需要程序员深入理解并设计解决方案。人类程序员能够提供的创造性和对复杂问题的深入理解，目前人工智能还无法完全复制。"

**马克**："那么，你认为学习编程还是值得的吗？"

**艾玛**：“绝对值得。编程教会你如何思考和解决问题，这是非常宝贵的技能，无论是在技术领域还是生活中都非常有用。随着技术的不断进步，出现了更多新兴的领域，如机器学习、人工智能、大数据分析等，这些领域的发展都离不开强大的编程技能作为支撑。”

**马克**：“听起来，尽管人工智能在进步，但编程作为一种职业依然有很大的发展空间。”

**艾玛**：“没错。我们应该看到，人工智能的发展为编程工作带来了新的维度。现在，我们不仅要学习如何编程，还要学习如何让机器更好地为我们服务，如何设计和优化人工智能算法，这些都是新兴的挑战和机遇。”

**马克**：“看来，无论是对于个人发展还是职业生涯，学习编程都是很有价值的了。”

**艾玛**：“确实是这样的。随着技术的发展，人们对编程的理解和应用会不断深化和扩展，这将为那些准备好不断学习和适应新技术的人打开无限的可能。”

家长朋友们是如何看待这件事的呢？你是不是也担心人工智能的自动化能力将取代传统的编程工作，减少对程序员的需求？其实，人工智能时代实际上为编程专业人士带来了前所未有的机遇。人工智能技术的发展确实改变了编程工作的性质，但它并没有减少对优秀程序员的需求。它也创造了新的工作机会，并且对程序员提出了更高的要求，使得这个职业变得更加重要和有价值。

随着人工智能技术的深入，对于能够设计、开发和维护复杂人工智能系统的编程专家的需求正在增加，如机器学习工程师、数据科学家和人工智能系统架构师等。这些新的岗位不仅要求程序员具备传统的编程技能，还要求他们对人工智能算法有深入的理解，能够利用人工智能工具来提高工作效率，并解决人工智能无法独立处理的复杂问题。他们需要设计和开发能够自动学习和适应的智能系统，这需要更高水平的专业知识和创新能力。

在人工智能时代，编程技能的需求已经远远超出了传统的软件开发领域。各行各业都需要编程技能来处理大数据、开发智能应用，以及优化业务流程。因此，具备编程能力的专业人士在就业市场上具有更大的竞争优势，他们的工作不仅局限于IT技术领域，还涉及医疗、教育、金融等多个行业。随着人工智能技术的不断进步，程序员需要持续更新自己的知识库，学习新的编程语言、框架和人工智能技术。这种持续的学习和成长不仅能够保持他们的专业竞争力，也能够带来个人职业满足感。

目前，人工智能虽然能够在某些方面模拟人类的行为和思维，但它对于人类情感的细腻感知、文化的深刻理解，以及伦理道德的准确把握，还存在着诸多不足之处。在理解和处理人类情感、文化及伦理等方面，人工智能还有着相当漫长的路程要走。

人工智能的发展固然让人感到振奋和欣喜，但我们不能忽视其智能和创造力的根源其实在于人类自身的不懈探索和努力学习。正是因为人类对知识有着强烈的渴求，对创造有着执着的追求，才推动了人工智能技术不断拓展其边界，实现了从量的积累到质的飞跃这一重要过程。在这个充满挑战和机遇的时代，人类的独特价值是无可替代的，我们的情感和思想才是驱动科技不断进步的根本力量。

人类的智慧是深不可测的，我们有着丰富的想象力、敏锐的洞察力及深刻的思考能力。这些都是人工智能难以企及的特质。在面对复杂多变的世界时，人类能够凭借自己的智慧和经验，灵活地应对各种问题和挑战。而人工智能则更多的是作为一种辅助工具，帮助我们更好地完成某些任务。

同时，人类的情感世界也是极其丰富和多彩的。我们有着喜怒哀乐等各种情感，能够体验到生活中的美好与艰辛。这些情感的交织和碰撞，赋予了我们生命的意义和价值。而人工智能在这方面则显得相对较为苍白和无力，它难以真正理解和感受人类的情感。

此外，人类社会有着悠久的历史和丰富的文化传承。我们有着自己独特的价值观、道德观和审美观。这些文化和伦理的因素深深影响着我们的生活和行为。而人工智能在处理这些问题时，往往需要人类的指导和干预，才能做出正确的判断和选择。

可以说，在人工智能的发展过程中，人类始终扮演着至关重要的角色。我们既是人工智能的创造者，也是其引导者和监督者。只有充分发挥人类的智慧和力量，才能让人工智能更好地为我们服务，同时也能避免其带来的潜在风险和挑战。

## 3.4　编程语言的起源和发展

记得在我刚做编程老师的时候，在一节编程课上，我遇到了一个特别爱问问题的小女孩儿。

她俏皮地问我："汪队，你能说说编程在很早很早之前是什么样子吗？"

看着孩子充满期待的眼睛，我想了想回答："这个，要从机械计算机讲起了。""哈哈，什么是机械计算机？听起来好像不太智能吧。"小女孩质疑道。

我笑着说："19 世纪，当时的设备还是机械的。最著名的例子之一是查尔斯·巴贝奇的差分机和分析机。尽管这些机器从未完全被构建完成过，但巴贝奇的设计预见了现代计算机的很多特性，包括使用'程序'来指导机器执行计算。艾达·洛芙莱斯（Ada Lovelace）为分析机编写的算法，被认为是世界上第一个计算机程序。”

“哇！汪队，这个太有趣了，那后来呢？有没有变得更智能？”她痴痴地看着我问，就好像我是她的知识库，她搜索一下即可。

我斩钉截铁地回答：“后来就迎来了计算机的时代。”

“计算机是怎么出现的？发生了什么事情呢，汪队？”

我在想，注定今天我就是这个小女孩儿的“十万个为什么”了。

我想了想，继续回答：“20世纪40年代，随着第二次世界大战的作战需要，电子计算机开始被研发出来，用以快速准确地完成繁重的计算任务。其中最著名的就是ENIAC（电子数值积分计算机），它是第一台真正的电子通用计算机。ENIAC的编程是通过重新配置机器上的电缆和开关来实现的，这种方式虽然效果显著，但极其耗时且易出错。”

“哇！电子计算机已经这么厉害了，还容易出错呢。那后来呢？后来呢？汪队。”

“为了解决早期电子计算机编程的低效问题，人们开始开发更高级的编程语言。20世纪50年代，出现了第一代高级编程语言，如FORTRAN（公式翻译器）和COBOL（通用商业编程语言）。这些语言允许程序员用更接近自然语言的方式编写程序，大大提高了编程效率和程序的可读性。”

“汪队，我觉得人类真的太了不起了，再后来呢？”

“随着软件项目变得日益复杂，程序员开始寻求更有效的编程范式。20世纪60年代和20世纪70年代，结构化编程成为主流，鼓励使用序列、选择和循环等控制结构来提高代码的清晰度和可维护性。紧接着，在 20 世纪 80 年代，面向对象编程（OOP）范式获得了广泛接受。它通过封装、继承和多态性等概念，为编程带来了新的思考方式和工具。这时，个人计算机的普及也为编程提供了新的平台。更多的人开始接触编程，编程语言也更加多样化，如 C 语言的诞生推动了操作系统和应用软件的发展。随后，互联网的兴起让编程的应用更加广泛，同时也促进了新语言和新技术的发展，如 Java 和 Python，进一步提高了代码的重用性和模块化。”

“哈哈，我知道，循环嵌套，咱们编程课学过。汪队，这是不是就是现代的编程了？”

“嗯，进入 21 世纪，出现了许多新的编程范式和技术，如函数式编程、并发编程和云计算等。同时，随着开源文化的兴起，大量的编程工具、库和框架被开发出来，为程序员提供了前所未有的资源和社区支持。编程的发展史是计算技术进步和人类创新演进的见证。从最初的机械计算机到现在的云计算和人工智能，编程已成为现代社会不可或缺的技能之一，继续推动着科技和社会的发展。”

“哇！我一定要好好学编程，我也期待有一天我能够写出超级牛的程序。”

就这样，我们的对话结束了，如今这个小女孩儿也应该有十八岁了吧。另外，开源运动对编程的发展起到了巨大的推动作用。20 世纪 90 年代中期，随着互联网的普及，开源软件项目如 Linux 操作系统和 Apache Web 服务器等开始受到广泛关注。开源文化鼓励代码的自由共享和协作，这不仅加速了软件开发的过程，也促进了技术的创新。GitHub 等平台的出现进一步加强了开源社区的协作，使得全球的开发者可以轻松地贡献代码，共同解决问题。

随着技术的发展，针对不同应用场景和需求，出现了多种新的编程语言。例如，Python 因其简洁的语法和强大的库支持，成为数据科学、机器学习和 Web 开发的热门选择。JavaScript 成为 Web 前端开发的核心语言。几乎所有的现代网站都使用 JavaScript 来增强用户体验。而随后的 Node.js 让 JavaScript 也能用于服务器端编程。此外，为了满足移动应用开发的需求，Swift 和 Kotlin 等语言也应运而生。

随着人工智能、物联网（IoT）、区块链等技术的发展，编程正变得比以往任何时候都更加重要。这些前沿技术对编程能力提出了新的要求，同时也为编程带来了新的可能性。例如，人工智能技术的发展不仅需要数据科学家和机器学习工程师的编程技能，还需要推动编程语言和工具的进一步创新。

未来的编程可能会更加注重于代码的可读性、可维护性及安全性。随着量子计算等概念的逐步成熟，新的编程范式和语言也将随之诞生。同时，编程教育将更加普及，编程思维将被视为一种基础技能，广泛应用于学校教育和职业培训中。

## 3.5 编程能培养孩子什么样的能力

编程，作为一种将复杂问题分解为简单步骤的技术，为孩子提供了一个练习和发展逻辑思维的理想平台。在编程的过程中，孩子们必须学会如何以逻辑顺序组织思维，如何识别问题的关键点，以及如何逐步解决问题。

编程和数学就像一对紧密合作的好伙伴。编程需要数学来构建逻辑和解决问题，而数学则为编程提供了坚实的基础和工具。

在编程中，我们需要运用数学的概念和算法来设计有效的代码。例如，算法和数据结构就是数学在编程中的具体应用，它们帮助我们组织和处理数据，提高程序运行的效率。

数学还为编程提供了逻辑思考和问题解决的能力。数学中的逻辑推理、模式识别和抽象思维等，在编程中都非常重要。通过数学的训练，我们能够更好地理解和分析编程问题，并找到有效的解决方案。

此外，数学中的数学模型和公式也常常被用于编程中。例如，在科学计算、图形处理和数据分析等领域，数学知识可以帮助我们构建更精确的模型和算法，实现更准确的计算和模拟。

另外，编程也为数学的学习和应用提供了新的途径。通过编程，我们可以实现数学概念的可视化和动态演示，让数学学习更加生动和有趣。编程还可以帮助我们验证数学理论和探索数学问题，拓展数学研究的领域。

编程和数学相互依存、相互促进。它们的结合使得我们能够创造出更智能、更高效的系统，解决各种复杂的问题，并推动科技的不断发展。所以，想要在编程领域取得成功，扎实的数学基础可是必不可少的哦！

在我教女儿学习编程的过程中，我深刻体会到编程对于培养孩子逻辑思维的独特价值。接下来，我想跟大家分享我女儿在编程学习过程中发生的改变，希望能给大家一些启发和帮助。

## 从遇到问题到解决问题

起初，女儿对编程的复杂逻辑和抽象概念感到既好奇又畏惧，但随着编程学习的推进，她展现出了惊人的思维发展变化。

女儿在学习编程初期面临的第一个挑战是理解编程任务背后的逻辑。通过不断的尝试和错误，她学会了如何一步步拆解问题，从而更清晰地理解每个步骤如何贡献于最终解决方案。这个过程锻炼了她的逻辑推理能力，使她能够更加有效地组织和处理信息。我认为这一点非常重要。

## 掌握条件逻辑

编程教会了女儿如何使用条件语句来做决策。通过编写 if-else 结构，她学会了如何根据不同条件来控制程序的流程。这不仅提高了她解决问题的灵活性，也加深了她对因果关系的理解，从而增强了逻辑思维。那一年女儿上二年级。我觉得对于一个二年级的孩子来说，这已经是质的飞跃了。

## 循环和重复

在编程中，循环是一种重要的逻辑结构，用于重复执行某些操作直到满足特定条件。通过使用循环，女儿学会了如何有效地利用重复的模式来解决问题，同时也理解了循环在控制程序复杂性方面的重要性。没想到的是，她把循环和重复这样的逻辑运用到了数学题的解答上，让我和她都有了意外的收获。孩子开心地抱着我说："爸爸，我怎么这么厉害！"自那以后，她爱上了数学、爱上了编程、爱上了做设计、爱上了创作。她的数学成绩也稳居年级前三名，这真是一个意外的惊喜。

## 调试和批判性思维

编程过程中不可避免地会遇到 Bug。在调试程序的过程中，女儿学会了如何仔细审查代码，找出并理解错误发生的原因。这种批判性思维的锻炼不仅适用于编程，也能应用于日常生活中的问题解决。

在一个阳光明媚的周末，女儿和我一起坐在计算机前，决定完成她的一个游戏项目。起初，她对于能够自己动手制作游戏感到非常兴奋。她一步一步地写下了密密麻麻的代码。当她尝试运行游戏时，却发现游戏并不能按照预期工作。无论玩家输入什么数字，游戏总是回应“太低了”。

女儿感到有些沮丧，因为她最初一直自信地认为这会是一个顺利的过程。看着女儿挫败的表情，我鼓励她：“编程就像是解决一个个谜题，遇到 Bug 是在所难免的。重要的是我们一定要坚信我们可以找到 Bug 并解决它。”

于是，女儿开始就像侦探寻找线索一样仔细审查每一行代码。她检查了变量名、循环和条件判断，试图从中找出 Bug。在这个过程中，她学会了更加细致地阅读代码，也学会了如何使用打印语句来调试。

最终，女儿发现了问题所在：在比较玩家输入的数字和预设数字时，由于一个小小的逻辑错误，使得游戏的判断逻辑总是错误地执行了“太低了”的分支。修正了这个错误后，游戏终于能够正确地工作了。

我对她说：“看，你已经通过自己的努力解决了问题。这种能力不仅在编程中很重要，在生活中遇到困难时同样宝贵。”

从这次经历中，女儿不仅学会了编程的技能，更重要的是，她学会了面对问题不退缩，通过批判性思维找到解决问题的方法。这次成功的经历让她更加自信，也更加热爱编程。她意识到，不论面对生活中的哪种挑战，只要有耐心和决心，就没有解决不了的问题。

## 创造性思维

编程不仅关乎逻辑和问题解决，还能激发孩子的创造性思维。

我的女儿如同大多数孩子一样对新鲜事物充满好奇，有一次，学校布置了一个小组作业，要求设计一个能够帮助解决校园垃圾分类问题的程序。

女儿和她的小伙伴们兴致勃勃地投入到这个作业中。一开始，她们按照常规的思路，设计了一个简单的分类提示程序，告诉同学们不同垃圾应该投放到哪个垃圾桶。但是，女儿觉得这样做还不够有趣和有效。于是，她突发奇想,决定在程序中加入一个游戏元素。她设计了一个垃圾分类的小游戏，同学们需要在规定时间内将虚拟的垃圾正确分类，得分高的同学还能获得奖励。这个小小的创意改变，让原本枯燥的分类提示变得生动有趣，吸引了更多同学的参与。通过这次经历，女儿不仅学会了如何用编程解决实际问题，更重要的是，她敢于打破常规，发挥自己的创造力，提出独特的解决方案。

在编程的世界中，孩子们勇于尝试新想法，不断探索和创新，尽情释放创造力。

## 提升解决问题的能力

随着女儿深入学习编程，我注意到她在面对现实生活中的问题时，也开始运用编程所培养的逻辑思维。她开始尝试将大问题分解为小问题，用更系统的方式来寻找解决方法。这种解决问题能力的提升不仅让她在学校的学习中表现出色，也让她在日常生活中遇到难题时能够更加冷静和有效地处理。

## 理解复杂系统

编程还教会女儿如何理解和构建复杂系统。通过编写更复杂的程序，她学到了如何组织代码、如何使代码模块化，以及如何使程序的各个部分协同工作。这不仅增强了她的逻辑思维能力，也让她学会了在面对现实世界的复杂系统时如何思考和分析。那年，她五年级，这样的理解能力和复杂的逻辑思维能力在她的学习生涯中发挥了至关重要的作用。

## 持续的学习与适应

编程领域的快速变化要求程序员不断学习和适应新技术。女儿通过编程学会了如何自主学习和研究，这种能力也提升了她在其他学科学习中的主动性和效率。编程教会她，学习是一个持续的过程，无论是在学校还是生活中，都需要不断地探索和适应。

## 增强团队合作和沟通技能

虽然编程常被视为一项个人活动，但在实际中，编程项目往往需要团队合作。最初，编程是我带着她“玩”的，她喜欢独自思考和玩耍，遇到问题会主动向我求助。后来，我意识到编程学习可以扩展到团队合作和项目设计。因此，我鼓励她加入团队，参与集体编程项目。通过这些经历，女儿学会了与他人合作、分享想法，并通过沟通解决问题。这些沟通技能和团队协作技能对她未来的学习和职业生涯至关重要。

## 培养耐心和坚韧

编程过程中遇到的挑战和失败让女儿深刻意识到耐心和坚韧不拔的重要性。在编程学习的道路上，不断的尝试、失败和再尝试是成功的关键。这种不轻言放弃的态度不仅适用于编程，也深刻影响了她面对生活中其他挑战的方式。

记得女儿在四年级下学期参加了学校的科学展览。她决定展示一个由她自己编程的自动浇水系统，这个系统能够根据土壤湿度自动浇水，非常适合让忙碌时忘记给植物浇水的人使用。

女儿开始着手设计这个项目时充满了信心。她相信自己在编程方面的技能已经足够应对。然而，现实很快给了她一记重拳。她发现将编程与硬件结合起来的过程远比预想中要困难。传感器有时候无法准确读取土壤的湿度，而且她在编写代码控制水泵时也遇到了问题。

面对挑战时，她开始感到挫败。然而，她回想起在编程游戏中的经历，以及从中获得的耐心和坚韧。她深知，成功往往源于不断的尝试和经历失败。

因此，她没有放弃。她开始从头做起，重新检查每一部分的连接，仔细研究传感器的工作原理，并一步步调试代码，直到所有部件都能正确工作为止。在这个过程中，她经常去在线论坛寻求帮助，也花时间阅读相关的技术文章，不断扩展自己的知识和技能。

终于，经过多次的尝试和失败，她的自动浇水系统开始正常工作。展览当天，她的项目吸引了许多人的关注，大家都对这个聪明的小发明表示赞赏。更重要的是，女儿赢得了学校科学展览的一等奖。

这次经历不仅让女儿在编程技术上有了飞跃，在心理上也有了巨大的成长。她意识到，无论面对多大的挑战，只要有耐心和坚持不懈的精神，就没有过不去的坎。这种态度不仅让她在编程和科学探索上取得了进步，也让她在学习和生活的其他方面变得更加自信和坚强。她学会了面对困难不退缩，用实际行动去解决问题。这将是她应对今后生活最宝贵的财富。

通过教女儿编程，我看到了编程在培养孩子逻辑思维及其他关键技能方面的巨大潜力。这是一段既充满挑战又极具价值的旅程，不仅让她获得了知识和技能，更重要的是，教会了她如何学习、如何思考，以及如何面对生活。作为父母，见证孩子在这一过程中的成长和进步，无疑是一种无与伦比的喜悦。

因此，我想对所有的家长朋友们说，我教女儿学习编程的经历表明，编程不仅是一门技术课程，更是一种锻炼孩子们逻辑思维、解决问题能力、进行复杂运算等综合能力的有效方式。编程教育不应被视为额外的学习负担，而是一个让孩子们为未来做准备的宝贵机会。

我强烈建议所有家长，无论孩子未来是否选择与编程相关的职业，都应该鼓励和支持他们学习编程。这不仅是学习一种技能，更是在培养孩子面对未来挑战所需的关键能力。

# 第 4 章
# 编程，应该怎么学

学习编程对孩子有多方面的益处。一方面，它能够帮助孩子锻炼严谨的逻辑思维，提升解决问题的能力，让孩子终身受益。另一方面，对于学有余力的孩子，通过一定强度的编程训练，他们还能获得竞赛成绩，助力升学。正因为编程学习收益丰富，越来越多的家庭开始关注编程学习。

然而，关于编程学习的路径规划，目前存在许多不同的观点，甚至有些相互矛盾，这让家长感到迷茫。在过去近十年的时间里，我一直从事一线教学工作，培养了数万名学员并取得成果。同时，在中国计算机学会担任 PTA 副主席和 GESP 常委期间，我深度参与了行业的发展和规则制定。根据多年的教学经验和对行业趋势的洞察，我将编程学习的路径规划总结为“832”规划。具体来说，“8”指的是孩子可以开始编程学习的黄金 8 年，“3”指的是在这 8 年期间孩子们可以接触的三门编程语言，“2”则指的是编程学习规划必须尊重的两大基本原则。

本章将详细讲解编程学习的“832”规划，以回答编程应该怎么学这一问题。

## 4.1　编程学习的黄金 8 年

现实生活中，对于编程，有很多观点看似很有道理，实则是错误的，比如，有人认为编程是必须要学的；而有人认为编程就是玩游戏；有人认为抄抄代码就能学会编程；更有人认为学编程就是学习一门语言，应该“从娃娃抓起”。那么编程到底应该怎么学？

首先，我们需要正确地认识编程教育的目的：培养孩子的逻辑思维、问题解决能力及创造力。如果只是让孩子们机械地抄写代码，而没有真正理解代码背后的原理，或者以为编程就是在玩游戏，那么编程学习将失去真正的意义。虽然如第 3 章所述，编程学习有诸多好处，但是每个孩子都有自己的兴趣和擅长领域，编程只是孩子人生道路上的一个有益备选方案、一个开放的选择、一种拓展思维的工具，并不意味着每个孩子都必须学习编程。

编程是一种特殊的语言，用于人与计算机之间的沟通和交流，在结构和使用上与自然语言是有区别的，它需要孩子们具备一定的逻辑思维能力和学习能力，因此我们认为，最适合开始学习编程的年龄因人而异，但通常来说，6 岁是一个比较合适开始的时间点。

其次，我们要认识到编程并非一蹴而就，是一个循序渐进的过程，从兴趣培养到能力提升，再到特长培养，需要长时间的学习和精进。在综合考量孩子各个成长阶段理解能力的发育、学习时间及升学规划之后，我们认为，从小学一年级到初中二年级的 8 年时间，是孩子学习编程的黄金时期。这主要有以下几个原因。

（1）编程是一门综合性学科，涉及数学知识（如加减乘除、小数、分数、取余数、取整数等）、具象 / 抽象思维的理解，以及动手操作能力。因此，对于幼儿园阶段的孩子，我们不建议过早开始学习编程。过早接触编程可能会导致孩子产生挫败感，影响学习积极性，甚至可能对编程产生错误认知，不利于未来深入学习。

（2）从一年级到初中二年级的孩子课外时间相对较多，有利于投入更多时间学习编程。编程学习需要大量的实操和训练，因此充足的课外时间是学习编程的重要条件。

（3）从五年级开始到初中二年级阶段，是孩子升学规划的关键时期。通过学习编程并参加相关竞赛，可以帮助孩子进入理想的中学。高含金量的竞赛通常一年只有一次机会，且难度较大，需要足够的时间准备。因此，初中二年级是开始学习编程的最后机会。之后学习时间会变得紧张，竞赛机会减少，难以获得理想成绩，还可能占用文化课学习时间，得不偿失。

## 4.2　三大编程语言

在助力中国少儿在编程学习道路上稳步前进和不断提高的过程中，有 3 种编程语言被视为必修课，它们分别是图形化编程语言 Scratch、代码编程语言 Python 和竞赛编程语言 C++。

### 4.2.1　图形化编程语言 Scratch

接下来，让我们先从图形化编程语言 Scratch 开始。

Scratch 是一种由麻省理工学院（MIT）于 2007 年正式上线的图形化编程语言，非常适合作为少儿编程入门的语言。它以其直观、有趣的界面和操作方式，深受孩子们的喜爱。通过 Scratch，孩子们可以像搭积木一样，将各种指令和模块组合在一起，创造出属于自己的动画、故事和游戏等作品。这使得编程学习变得非常直观和有趣，而不需要编写传统的文本代码。

使用 Scratch，孩子们可以做很多事情。

◎ 创建故事：将角色、场景和对话结合起来，讲述自己的故事。

◎ 设计游戏：从简单的迷宫游戏到复杂的平台游戏，孩子们可以设计、玩耍并与朋友分享。

◎ 制作动画：通过编程控制角色和物体的动作，创造有趣的动画片段。

◎ 学习编程概念：循环、条件判断、变量等编程基础概念在 Scratch 中都有直观的体现。

◎ 发展计算思维：通过解决编程中的问题，孩子们可以学习到问题分解、模式识别、抽象化和算法设计等计算思维技能。

图形化之所以深受孩子们的喜爱，是因为他们可以像使用日常工具一样创建自己的游戏。比如像“接苹果”这样的游戏，如图 4–1 所示。

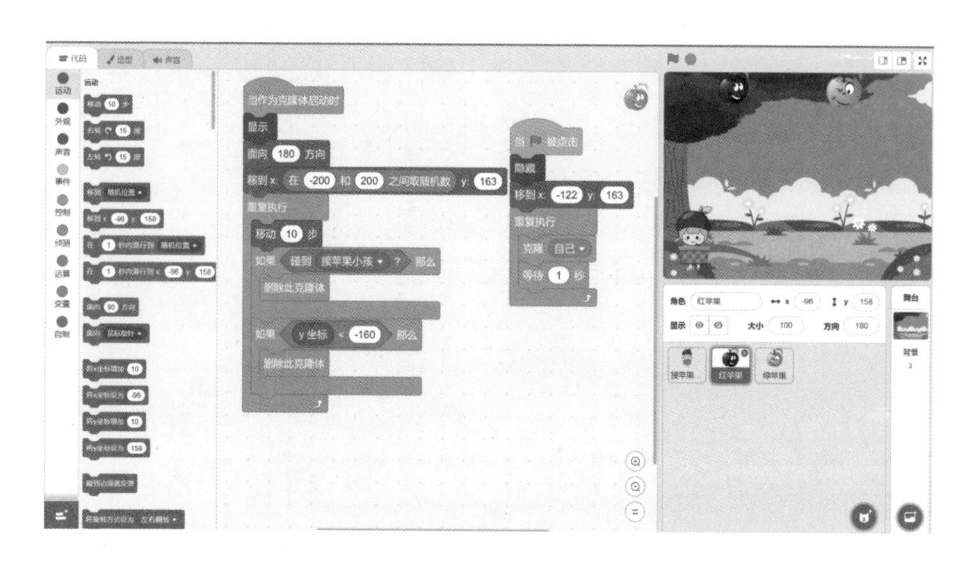


图 4–1 “接苹果”游戏

在图 4–1 中，左侧是积木区，孩子们可以选择自己需要的积木块；中间是代码区，将积木块按照逻辑拼接起来实现功能；在舞台区可以显示运行效果；在角色区和背景区，孩子们可以选择自己喜欢的角色和背景。接苹果游戏实现的功能是：苹果源源不断地从舞台上方往下落，到达舞台底部后消失了；接苹果的小孩一直跟随鼠标移动，当苹果在下落的过程中碰到接苹果的小孩时，苹果就消失了。

当然，孩子们也可以编写自己的故事，并通过编程让故事中的角色做出反应，比如选择不同的路径来决定故事的结局，如图 4–2 所示。图 4–2 所示的是青蛙去旅游时，在路上遇到的风景。初始背景是森林和人行道。

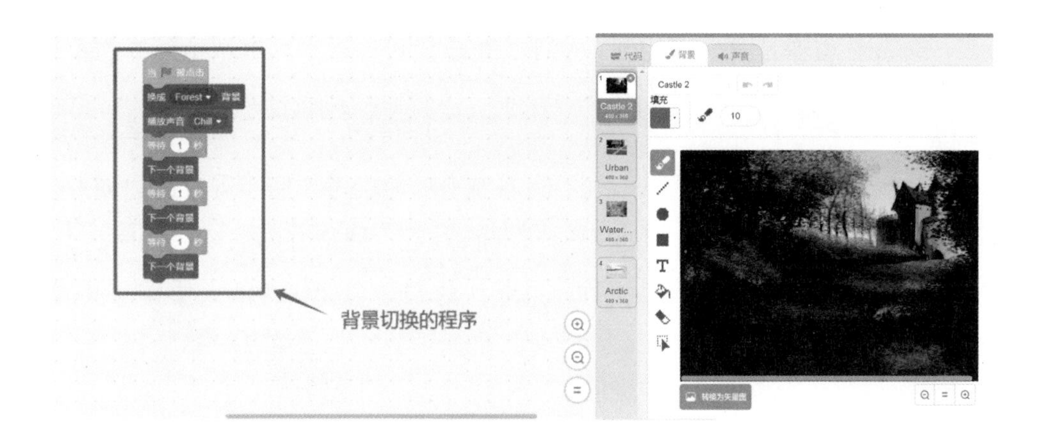


图 4-2 切换背景

另外，利用 Scratch 还可以进行音乐创作，设计自己的艺术作品。图 4-3 实现的效果是小猫在追踪蝴蝶的过程中，进行《两只老虎》的配乐。演奏音乐需要先设定乐器，再将演奏音符和节拍存储到列表中，从列表中的第 1 项开始依次演奏出音符，从而实现《两只老虎》的配乐效果。

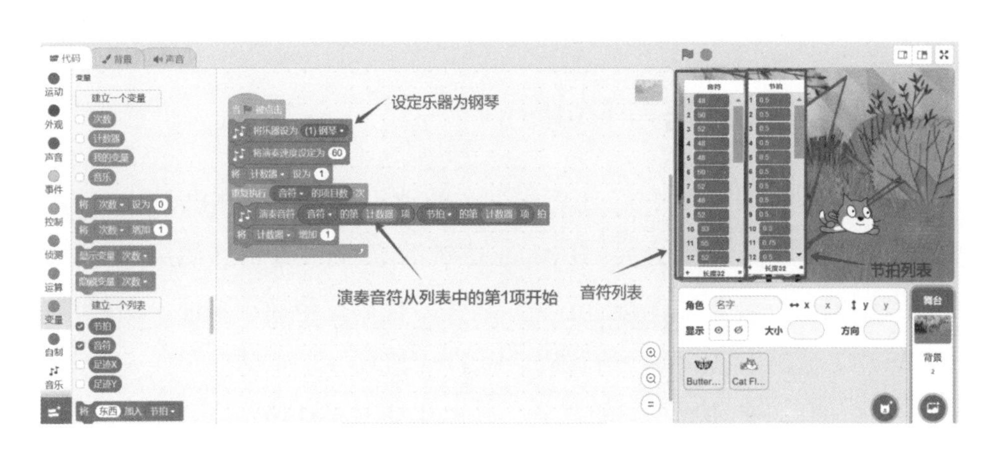


图 4-3 配乐

Scratch 就像是孩子们的创意画布，孩子们可以在上面尽情地发挥想象，创造出无限可能。

在 Scratch 的创作过程中，孩子们需要不断地思考如何实现自己的创意，如何解决遇到的问题，这对他们的思维能力是一种很好的锻炼。同时，与小伙伴们一起合作完成一个项目，也能让他们学会如何与他人协作，共同达成目标。

此外，Scratch 还为孩子们提供了一个展示自我的平台。他们可以将自己的作品分享给同学、老师和家长，获得大家的认可和鼓励，这对于增强孩子们的自信心也是非常有帮助的。随着对 Scratch 学习的深入，孩子们会逐渐发现编程的魅力所在，从而更加坚定地在学习编程的道路上继续前行。

总的来说，Scratch 在培养中国少儿编程能力的过程中，扮演着非常重要的角色。它为孩子们开启了编程学习的大门，让他们在快乐中学习编程，在编程学习中成长。

## 4.2.2 代码编程语言 Python

Python 是一种非常友好且功能强大的编程语言，现在已经成为世界上最受欢迎的编程语言之一。Python 虽然不像 Scratch 那样使用图形化的代码块，但它有着非常直观的语法，让编写代码变得简单易懂。例如，在 Python 中，输出 1 只需要一行代码。而 Java 和 C++ 的语法会更复杂一些，需要更多的代码来完成相同的任务，其对比如图 4-4 所示。

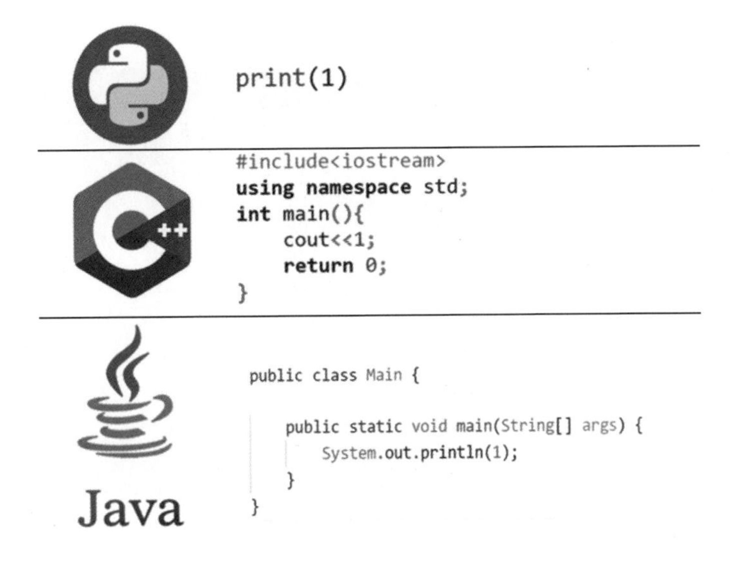


图 4-4　Python 与 C++、Java 的对比

Python 拥有许多适合孩子学习的库，这些库不仅易于上手，还能够激发孩子们的学习兴趣。例如，Turtle 绘图库可让孩子们编写代码控制一只小海龟的移动，绘制出各种有趣的图形和图案。另外，导入 Pygame 库后，孩子们可以创作出像“Flappy Bird”这样的经典小游戏。这些工具可以帮助孩子们快速实现各种功能，增强他们的学习成就感。

我女儿学习 Python 是在小学三年级下学期。当时，我担心她从图形化编程转变到 Python 会不习惯，没想到她竟然能欣然接受，并且快速掌握编写代码的要领。这应该就是她从小有图形化编程基础的原因吧。

图 4-5 所示的是我曾经与女儿一起制作的一个编程游戏——《飞机大战》，使用的就是 Python 语言。

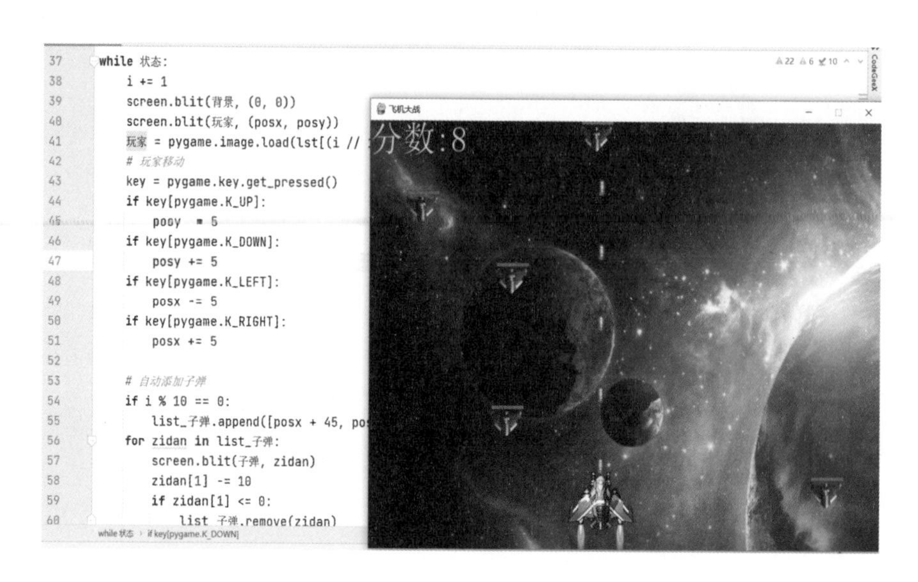


图 4-5《飞机大战》游戏代码

这个游戏具有简单的操作和有趣的玩法，通过《飞机大战》游戏的编程过程，孩子感受到了 Python 编程学习的乐趣。

Python 不仅是一种实用的编程语言，也是引导初学编程的孩子们学习编程的理想选择。Python 凭借其清晰简单的语法及趣味性和实用性，不仅为孩子们提供轻松愉快的学习体验，让孩子们迅速掌握编程基础，还能帮助孩子们深入理解编程逻辑，培养他们解决问题的能力，激发创新思维，从而为学习更复杂概念和语言提供了坚实的基础。

Python 代码编程是探索数字世界的一个强大工具，掌握它，对孩子们的个人发展和未来职业道路将产生深远影响。

### 4.2.3 竞赛编程语言 C++

在探索了 Scratch 图形化编程和 Python 代码编程之后，我们将进一步学习竞赛编程语言——C++。

试想，最初的计算机语言犹如在缺乏现代工具的情况下，仅凭一堆零件来组装机器，其过程既复杂，又充满挑战，所涉及的众多底层细节不仅繁琐，而且易出错。因此，人们迫切需要一种能够精确、高效地传达人类意图的语言。

在那个时代背景下，Bjarne Stroustrup，一位杰出的思想家，携带着他的革命性创造——C++，登上了历史的舞台。在 20 世纪 80 年代，Bjarne 洞察到计算机在执行任务时所面临的复杂性，决心开发一种全新的编程语言，旨在使计算机能够更加直观地理解人类的指令。由此，C++ 这一创新语言应运而生，开启了编程领域的新篇章。

C++ 不仅便于人类编写，还提升了计算机工作的智能与效率。随着时间的推移，C++ 已从简单的概念演变为强大的工具。它从早期的 C 语言中汲取灵感，不仅保留了其所有的优点，还引入了革命性的编程范式——面向对象编程。这种编程范式将数据和处理数据的方法结合成一个整体，更贴近现实世界的运作方式。

C++ 的应用领域极为广泛，其强大的功能使得它成为开发各种软件的理想选择。无论是开发引人入胜的计算机游戏、构建复杂的操作系统，还是创造连接全球的网页浏览器，C++ 都能以其高速运行和高效的内存管理能力，确保程序的性能和资源的充分利用。

随着技术的不断进步，C++ 的影响力持续扩大，已经成长为编程领域的一棵参天大树，为整个计算机世界提供了坚实的庇护。许多现代编程语言都是在 C++ 的基础上发展起来的，它们借鉴了 C++ 的众多概念和特性，并在此基础上不断推动着计算机技术的发展。C++ 的创新精神和强大功能，不仅为编程语言的发展树立了标杆，也为软件开发者提供了无限的可能。

## 少儿学习 C++ 的作用

1. **培养逻辑思维能力**：在学习 C++ 的过程中，孩子们将学会如何将复杂问题分解为更易理解的小问题，并逐一分析以找到最佳解决方案。这一过程要求他们在脑海中构建程序的流程框架，思考实现步骤，合理编写代码，并预测可能的结果。这种训练能有效地增强孩子们的逻辑思维能力。

2. **与数学的相关性**：学习 C++ 不仅仅是掌握一种编程语言，它更是一个全面提升编程技能和逻辑思维能力的过程。C++ 的学习涉及算法设计、数据结构、逻辑推理和问题解决等多方面能力的培养。算法设计通常建立在数学原理之上，如递归、分治策略、动态规划等，而对各种数据结构的理解和实现则需要依赖于数学概念。

在学习 C++ 的过程中，数论、几何、离散数学、组合数学等数学领域的知识也会被广泛应用。这不仅有助于孩子们更直观地理解数学概念在现实世界中的应用，而且能够激发他们对数学学习的兴趣，促进数学知识的深入理解。

同时，扎实的数学基础也能够为孩子们在 C++ 的学习上提供强有力的支持，帮助他们在编程领域取得更大的进步和成就。

3. **升学规划的赛事**：如国际大学生程序设计竞赛（ICPC）和国际信息学奥林匹克竞赛（IOI）等大多赛事都使用 C++ 作为主要编程语言。这些赛事能逐步提升孩子的算法能力，帮助他们提前规划未来的学习和职业发展。

4. **了解计算机系统**：学习 C++ 使孩子们有机会深入了解计算机系统知识，如内存管理和系统调用等。C++ 允许手动管理内存，这意味着孩子们可以学习如何分配和释放内存，从而更深入地理解计算机的工作原理。

我的女儿在小学五年级开始学习 C++ 的基础语法。她学习了变量声明、数据类型、数组、循环和条件语句等概念。由于这些基本概念在大多数编程语言中都是通用的，所以她能够轻松地将之前在 Python 中学到的知识应用到 C++ 中。随后，她开始学习 C++ 算法，包括排序、模拟算法和二分查找等。例如，她可以利用所学的算法知识来制作一个有趣的猜数字游戏。这个游戏对大家来说，可能小时候都和小伙伴们玩过：一个小伙伴心里想一个数，然后告诉你这个数的大致范围。你每次猜一个数，他就会告诉你下面三种回复中的一种：

（1）太大了。

（2）太小了。

（3）刚好是我想的那个数！

当小伙伴给出的数的范围很大（比如从 1 到 $10^6$）时，若没有有效的猜数策略，则可能会花费很长时间才能猜中。然而，学过二分查找算法的小伙伴就知道，在这个范围内，无论小伙伴心里想的是哪个数，都可以在不超过 20 次猜测后找到答案。二分查找算法是一种快速有效的查找方法。

以 1 到 $10^6$ 的范围为例，第一次猜数可以选择中间值 500 000。这样做的理由如下：

（1）如果小伙伴说“太大了”，那么可以确定他心里想的数在 1 到 499 999 的范围内。

（2）如果小伙伴说“太小了”，那么可以确定他心里想的数在 500 001 到 999 999 的范围内。

（3）如果小伙伴说“刚好是我想的数”，那么游戏结束，你已经猜中了。

如果小伙伴的回复是“太小了”，那么下一个猜的数应该是当前范围中间的数。在这个例子中，当前范围是 1 到 499 999，所以下一个猜测的数应该是 250 000，因为它是这个范围内最中间的数。

通过每次都选择当前范围的中间值进行猜测，即使没有立即猜中，也能确保每次猜测都将可能的范围缩小一半。这个过程会一直重复，直到范围被缩小到只剩下一个数，这时就能确定这个数就是小伙伴心中所想的数。

二分查找算法在算法设计中起着重要的作用，猜数游戏是它的一个简单应用。在编写代码之前，我们需要将实际的数值转化为变量，并梳理出解题过程。

假设小伙伴心里想的数的范围已经被缩小至一个整数区间 [l, $r$]，你会选择猜区间中间的数，即 $(l+r)/2$。小伙伴可能会给你以下三种回复：

（1）如果他说“太大了”，那么说明他心里想的数的范围为 $[(l+r)/2+1, r]$。

（2）如果他说“太小了”，那么说明他心里想的数的范围为 $[l, (1+r)/2+1]$。

（3）如果他说“刚好是我想的数”，那么游戏结束，说明你已经找到了答案。

这个过程会一直重复，每次根据小伙伴的回复，调整猜测的范围，直到找到正确的数。

梳理完这个思路后，代码的呈现就清晰多了。例如，当小伙伴心里想的数是 343 253 时，你仅需进行 16 次猜数就可以猜到他想的是什么数了。具体代码如图 4–6 所示。

```
#include<bits/stdc++.h>
using namespace std;
int main() {
    int x;
    cin >> x; // 小伙伴在心里想一个数

    int l = 1, r = 1000000; // 初始的范围
    while (l < r) {
        int mid = (l + r) / 2; // mid 是你这次猜的数
        cout << mid << endl; // 输出你这次猜的数
        if (mid > x) { // 太大了
            r = mid - 1;
        } else if (mid < x) { // 太小了
            l = mid + 1;
        } else { // 刚好是我想的数！游戏结束。
            return 0;
        }
    }
    cout << l; // 范围内只剩一个数，一定是小伙伴心里想的数，直接说出来。
    return 0;
}
```

图 4-6　猜数游戏代码

运行结果如图 4-7 所示。

图 4-7　猜数游戏代码运行结果

总的来说，C++ 作为一种应用广泛且功能强大的编程语言，对于青少年逻辑思维、算法能力和理解计算机系统知识的培养至关重要。它不仅为他们在计算机科学及相关领域的未来发展提供了广阔的机遇，而且还激发了他们对技术领域的兴趣和创造力。随着技术的不断演进和挑战的出现，C++ 也在持续进化，以适应新的需求。因此，我们应当在教育领域加大对 C++ 的推广力度，使更多的人能够深入学习和熟练运用这门语言，从而为

他们的未来铺平道路。

## 4.3 学习编程的两大基本原则

正如前言所述，编程教育和育儿都是充满变数的复杂领域。当将这二者结合起来时，其复杂性会显著增加。编程教育主要侧重于传授特定的技术技能，例如编程语言、算法、数据结构等。而育儿则关注孩子的全面成长，包括身体、情感、社会和认知发展。每个孩子都是独一无二的，因此，在编程教育中，我们应遵循两大基本原则：一是尊重孩子的成长规律，二是尊重孩子的个体差异。这意味着在教授编程技能时，我们不仅要考虑孩子的年龄和发展阶段，还要充分了解和尊重每个孩子的兴趣、学习风格和节奏。通过这种方式，我们能够更好地促进孩子的全面发展，同时培养他们对编程的兴趣和技能。

### 4.3.1 尊重孩子的成长规律

在学习编程的过程中，我们应当尊重孩子的成长规律。孩子的思维逻辑发展与其编程学习存在着紧密的联系。孩子的认知发展可以分为几个阶段，每个阶段都对应着不同的思维逻辑特点，这些特点直接影响他们学习编程的方式和效率。不同阶段孩子的思维逻辑特点用表 4–1 来阐述。

表 4–1 不同阶段孩子的思维逻辑特点

| 年龄阶段 | 思维逻辑特点 |
|---|---|
| 4~5 岁 | 这个阶段的孩子开始发展初步的逻辑思维能力。他们能够进行简单的分类和排序，理解基本的因果关系，但仍然很依赖直观、具体的经验 |
| 6~7 岁 | 孩子们的思维开始变得更加系统化，能够理解更复杂的概念，如时间顺序和数量关系。他们开始具备解决简单问题和进行推理的能力 |

续表

| 年龄阶段 | 思维逻辑特点 |
| --- | --- |
| 8~9 岁 | 这个阶段的孩子能够进行更为抽象的思考，开始理解符号和规则的重要性。他们的逻辑推理能力增强，能够处理更复杂的问题 |
| 10~11 岁 | 孩子们的思维变得更加成熟和灵活。他们能够从不同角度看问题，并开始发展批判性思维能力。同时，他们能够理解更加复杂的抽象概念 |
| 12~14 岁 | 青春期的开始标志着思维能力的显著跃升。孩子们开始发展更高级的逻辑思维和推理能力，能够进行假设性和演绎性推理。他们对复杂和抽象问题的研究兴趣增加 |
| 15~16 岁 | 这个阶段的青少年已经能够进行复杂的逻辑推理和抽象思考。他们能够理解、处理高级的数学和科学概念，开始形成自己的哲学观点 |

需要注意的是，这些特点属于一般性描述，实际上，每个孩子的发展速度和模式可能各不相同。

当前，许多家长因焦虑和急躁而为孩子制订不恰当的学习计划。因此，我们应明智地选择与孩子年龄和认知水平相符的编程学习方式，给予他们充足的时间和空间来适应、理解并掌握编程知识。

首先，图形化编程非常适合小学三年级以下的孩子学习。尽管有些家长可能认为图形化编程过于简单，但我们不应忽视它在培养孩子逻辑思维和创造力方面的重要作用。通过拖放和连接图形模块来创建程序，图形化编程可以为孩子提供一个轻松入门编程的理想途径。

其次，Python 是适合小学四年级前后的孩子学习的编程语言。它以简单、易懂著称，非常适合编程初学者。通过学习 Python，孩子们可以掌握基本的编程概念和语法，从而培养逻辑思维和问题解决能力。然而，如果孩子过早地学习 Python，则可能会因其认知能力尚未成熟而遭遇困难，这反而会增加学习难度和压力。

最后，对于小学四年级以上且数学成绩优秀的孩子，可以考虑学习更为复杂的编程语言，如 C++。C++ 作为一种底层语言，对于深入理解计算机原理和进行系统级编程极为有益。然而，如果孩子的数学基础不够牢固，过早地接触 C++ 则可能会导致学习过程变得乏味且困难。

因此，尊重孩子的成长规律意味着在孩子适当的成长阶段选择合适的编程语言。学习编程就像学习游泳。当孩子刚开始学习游泳时，我们通常会让他们使用浮板或救生圈来增加安全感，帮助他们逐渐适应水。随着孩子技能的提升，我们会逐渐减少辅助工具，让他们学会独立游泳。最终，孩子能够自如地在水中游泳，甚至学习不同的泳姿。同样，我们应该给予孩子充足的时间和空间，让他们在适当的时机和方式下，轻松愉快地学习编程，从而培养他们的兴趣和能力。

## 4.3.2 尊重孩子的个体差异

在学习编程的过程中，我们应充分尊重孩子的个体差异。每个孩子都是独特的，有不同的性格、兴趣和学习风格。因此，我们应根据孩子的个性特点合理规划学习内容和学习时间，确保他们在学习编程的过程中能体验到成就感和乐趣。

孩子们的学习能力和水平各不相同。有些孩子在学业上表现优异，能迅速理解和掌握新知识；而一些孩子则可能需要更多的时间和精力来理解相同的内容。因此，在编程学习中，我们应根据孩子的学习水平和理解能力，适当调整学习内容的难度和进度，确保每个孩子都能在适合自己的学习环境中取得进步。

家长在指导孩子学习编程时，应尊重孩子的兴趣和爱好。有的孩子可能对游戏开发充满热情，而有的孩子可能更偏爱网页设计。因此，我们应鼓励孩子根据自己的兴趣选择学习方向，并提供相应的支持和指导，帮助他们在自己感兴趣的领域中充分发挥潜力。

总之，尊重孩子的个体差异是学习编程的关键。只有在深入理解并尊重每个孩子的个性、能力、兴趣和学习风格的基础上，我们才能制订出合理的学习计划和教学方法，助力他们实现个人学习目标，并从中获得成就感和乐趣。

## 4.4 家长在各阶段的角色与作用

在孩子学习编程的旅程中，父母扮演着至关重要的角色。他们不仅是家庭的学习规划师，负责为孩子制定明确的学习蓝图和路线，还是后勤人员，确保这些规划得以实施，为孩子提供必要的支持和资源。同时，作为孩子学习道路上的引导者和支持者，父母应鼓励孩子探索兴趣，提供适当的学习环境，并在孩子遇到困难时给予帮助和鼓励。

家长应督促孩子按时学习和练习，确保作业的及时提交。父母应帮助孩子建立良好的学习习惯，以提高学习效率。同时，家长还需负责接送孩子参加编程教育班，确保孩子能够按时接受专业的编程指导。

家长应陪伴孩子参加编程竞赛。无论是线上竞赛还是线下竞赛，家长的鼓励和陪伴对孩子都是极大的支持。在比赛过程中，家长应给予孩子充分的支持和鼓励，让孩子感受到家长的认可，无论比赛结果如何。

最后，也是最重要的，家长应成为孩子学习编程道路上的鼓励者。他们应持续关注孩子的学习进度，及时给予肯定和鼓励，激励孩子坚持不懈、勇往直前。家长还需倾听孩子的想法和感受，给予足够的自由和空间，让孩子在学习编程的过程中找到快乐和成就感。

因此，家长的责任不仅是提供物质支持，更要在精神上给予孩子无限的鼓励和支持。家长需要有清晰的规划、明确的目标、充足的资源，以及坚定的信念，引导孩子在学习编程的旅途中健康成长。

下面详细阐述家长在孩子学习编程的四个阶段中扮演的角色和所起的作用。

### 4.4.1 小学三年级及以前：兴趣培养

在孩子编程兴趣的培养阶段，特别是在小学三年级及以前，重点不在于孩子掌握了多少编程知识，而在于激发他们对编程的兴趣和培养良好的学习习惯。家长在这个过程中扮演着至关重要的角色，他们不仅是孩子的陪伴者和鼓励者，更是孩子的第一位导师和引路人。

即使家长自己没有编程背景或不知道如何教授编程，这并不妨碍他们成为孩子学习过程中的重要支持。家长可以通过以下几种方式参与孩子的编程学习。

1. **成为学习伙伴**：与孩子一起学习编程，共同探索编程的乐趣。即使家长自己也是初学者，这种共同学习的经历可以增强亲子关系，同时激发孩子的学习兴趣。

2. **提供资源和工具**：为孩子提供适合他们年龄的编程资源和工具，如儿童编程软件、在线课程或编程玩具。

3. **鼓励和赞扬**：对孩子的尝试和进步给予积极的反馈和赞扬，这可以增强孩子的自信心和学习动力。

4. **设定目标和挑战**：与孩子一起设定学习目标，鼓励他们完成小项目或解决编程问题，这样可以培养孩子的目标感和解决问题的能力。

5. 创造学习环境：为孩子创造一个有利于学习的环境，比如安静的学习空间、定期的学习时间等。

6. 引导探索和创新：鼓励孩子自由探索，尝试不同的编程项目，培养他们的创新思维。

7. 参与社区活动：带孩子参加编程社区活动或竞赛，让他们有机会与其他对编程感兴趣的孩子交流和学习。

通过这些方式，家长可以帮助孩子开启编程之旅，引领他们进入这个充满趣味和挑战的世界，同时也为孩子的全面发展打下坚实的基础。

### 4.4.2 小学四年级：能力提升

在小学四年级这一能力提升的关键阶段，家长不仅是孩子学习编程过程中的鼓励者，也是支持者和指导者。以下是家长可以采取的一些具体措施。

1. 高度参与：家长可以通过与孩子一起参加编程课程或活动来激发孩子的学习兴趣。鼓励孩子将编程技能应用于日常生活，如编写简单的程序解决实际问题或开发小游戏，这样可以提高孩子的实践能力和创造力。

2. 定期督促：家长应帮助孩子建立学习计划，确保他们能够按时完成编程任务和作业。通过定期检查孩子的学习进度，家长可以及时发现孩子遇到的困难，并提供必要的帮助和支持。

3. 提供额外练习机会：家长可以为孩子寻找更多的编程练习机会，如编程挑战项目或在线编程平台，让孩子有机会将所学知识应用于实践，从而不断提升编程技能。

4. 鼓励参与竞赛和活动：鼓励孩子参加编程竞赛或相关活动，这不仅可以提高他们的编程水平，还能激发他们的学习兴趣和竞争意识。

5. **建立学习社区：**家长可以帮助孩子建立或加入编程学习小组，与其他孩子一起交流和学习，这样可以提高孩子的社交技能，同时也能从同伴那里获得灵感和帮助。

6. **提供资源和工具：**为孩子提供必要的学习资源和工具，如编程书籍、在线教程、软件等，确保孩子有足够的材料来支持他们的学习。

7. **强调学习的乐趣：**家长应始终强调学习编程的乐趣，而不仅仅是完成作业或考试。通过创造一个积极的学习环境，孩子更可能享受学习过程，并从中获得成就感。

8. **个性化支持：**每个孩子的学习风格和兴趣点都不同，家长应根据孩子的个性化需求提供支持，帮助他们找到最适合自己的学习路径。

通过这些方法，家长不仅能帮助孩子在编程领域取得显著进步，还能培养他们的自主学习能力、解决问题的能力和创新思维。

### 4.4.3 小学五年级～初中一年级：科技特长

在小学五年级到初中一年级阶段，孩子的编程学习进入了一个关键时期，即要决定是否专注于科技特长。在这个阶段，家长应成为孩子的导师和军师，通过鼓励、指导和规划，帮助孩子建立扎实的编程基础和自信心，为他们未来的发展打下良好的基础。

1. **认知和选择：**家长应对编程教育有清晰的认知和理解，并选择适合孩子的编程学习方式及机构。通过咨询专业教育机构、阅读相关书籍和资料，以及参加教育展览会等方式，了解不同的编程教育方式和课程内容，为孩子挑选专业的编程机构和优秀的教练。

**2. 规划和指导：**家长应与孩子共同制定学习规划和目标，并提供明确的指导和支持，帮助孩子合理安排学习时间，制订学习计划，确保他们能充分利用时间进行编程学习，不断提升编程水平。同时，家长可根据孩子的兴趣和特长，为他们选择合适的编程项目和课程，让孩子在学习中找到乐趣和动力。

**3. 多鼓励和激励：**家长应多鼓励孩子，通过及时肯定和奖励来鼓励孩子克服困难，保持学习的动力和耐心，激发他们的学习兴趣和积极性。同时，家长应关注孩子的学习情况，及时发现并解决问题，提供必要的支持和帮助，助力孩子在编程学习中取得更大的进步。

**4. 多做题和实践：**家长应鼓励孩子多做题、多实践，以巩固所学知识和技能。他们可以提供编程练习题和项目，让孩子有机会将所学知识应用于实践，不断提升编程水平。此外，家长还可提供编程挑战题，激发孩子的学习兴趣和竞争意识，促进个人成长和发展。

在这个关键的学习阶段，家长的认知、选择和规划至关重要。他们应选择专业的编程机构和优秀的教练，为孩子提供优质的学习环境和资源，帮助他们建立扎实的编程基础，为未来发展铺平道路。

### 4.4.4 初中一年级 ~ 高中二年级：中高考规划

在孩子从初中一年级到高中二年级的编程学习阶段，家长的角色更加侧重于规划和支持孩子的长远发展。以下是一些建议，帮助家长在这个阶段为孩子提供有效的支持。

**1. 为孩子规划升学：**家长应与孩子共同规划未来的学习和职业道路，结合孩子的兴趣和特长，关注孩子的学习情况和兴趣爱好，帮助孩子了解不同学校和专业的特点及要求，并提供必要的咨询和支持，确保孩子顺利实现升学目标。

2. **鼓励孩子参加各类编程赛事**：家长应鼓励孩子参加各类编程赛事，如编程竞赛和创客比赛，帮助孩子选择适合自己水平和兴趣的比赛项目，并提供必要的支持和帮助。参与比赛能让孩子有机会与其他优秀的孩子一同交流和竞争，提升编程水平和比赛技巧。

3. **精力管理**：家长应帮助孩子合理安排时间和精力，保持学习和参赛之间的平衡，要制订科学的学习计划和赛事备战计划，指导孩子有效利用时间，提高学习效率，确保在学习和比赛中都能取得良好的成绩。

4. **促进交流与合作**：家长可以组织孩子与其他地区的孩子一起学习、探讨和比赛，扩大孩子的交际圈和视野，鼓励孩子参加跨地区的编程活动和培训班，与其他地区的优秀孩子交流合作，分享经验和技巧，拓宽孩子的视野，提升竞争力和创新能力。

5. **培养正确的比赛心态**：家长应帮助孩子树立正确的比赛心态和价值观。强调比赛不是衡量成功的唯一标准，重要的是在比赛过程中获得的经验、成长和进步。鼓励孩子勇敢面对挑战和失败，从失败中学习，坚持不懈地追求目标和梦想。

总之，在孩子整个编程学习过程中，家长始终扮演着重要的角色。家长应积极参与孩子的学习和成长，为孩子提供必要的支持和帮助，帮助他们顺利实现自己的升学目标和人生梦想。

# 4.5 孩子在各年龄段学习编程的要点

## 4.5.1 小学三年级及以前：兴趣培养

### 幼儿园阶段

在从事编程教育的过程中，我经常收到幼儿园家长关于如何启蒙孩子编程的咨询。这促使我深入思考幼儿园阶段孩子的特点，以及有效的编程启蒙方法。幼儿园阶段的孩子们正处于一个充满好奇心和探索欲的快乐探索时期。因此，如何培养他们对编程的兴趣成了一项既重要又有趣的任务。

幼儿园阶段的孩子们充满了对世界的好奇心和活力。他们的认知能力在不断发展，但注意力集中时间较短，难以长时间专注于单一活动。因此，在编程启蒙的过程中，应采用轻松愉快的方式，让孩子们在游戏中潜移默化地学习编程基础知识。

理想的方法是引导孩子们访问 code.org，这是一个全球性的少儿编程公益平台。在这个阶段，孩子们主要是观看和体验，以培养兴趣为主，尚不需要进行实际操作。因此，让他们观看相关的编程内容，只是为了激发兴趣，而不急于教授实际的编程技能。

### 小学一年级～小学三年级阶段

在编程学习的起点，最理想的方式是让孩子跟随专业老师学习，每周安排一到两次培训。这个阶段的孩子刚入门，每周 1~2 个小时的学习强度就足够了。

我女儿 6 岁时，我开始引导她逐步探索编程世界。首先，我激发她的兴趣，然后逐步加强学习内容。我会安排她每周上一节课，并在课后进行练习，让她在学习中找到乐趣，在练习中建立自信。

在这个阶段，孩子们初步接触图形化编程，他们应该能够掌握以下技能：

（1）流程控制如顺序、循环、条件语句等知识的应用。

（2）变量、字符串、列表、函数等知识的应用。

（3）基础算法的应用。

由于编程与数学紧密相关，孩子们在学习编程的过程中可能会遇到一些数学问题，他们在小学三年级之前掌握这些能力已经非常出色了。对于有条件的家庭，可以尝试让孩子完成图形化编程的学习，这通常需要一个大约 18 个月的学习周期。

图形化编程通常分为初级（基础）和中级（进阶）两个阶段。在初级阶段，孩子们将学习基本的编程概念和逻辑，包括控制流程、循环、条件语句等。通过简单的图形化界面，他们可以轻松理解和应用这些概念，而无须深入了解编程语言的语法。

随着孩子们逐渐掌握初级阶段的内容，他们将进入中级阶段。在这个阶段，他们将学习更复杂的概念，如函数、变量，以及更高级的编程思维方式。他们可以开始创建更具挑战性的项目，如简单的游戏或动画，以展示他们的编程技能和创造力。

## 学习方法

在编程学习中，孩子们可以通过以下四种方法循序渐进地提升技能。

**1. 听：**通过听老师的讲解或观看教学视频，孩子们可以深入理解每个积木指令的用途和功能。这种被动学习方式为后续深入学习编程打下基础。

初学者通常从听开始，了解 Scratch 界面的各个功能模块，如舞台区、菜单栏、代码区和积木区等。通过观看教学视频或老师的讲解，他们可以逐步理解这些区域的作用和功能。反复听讲解有助于他们将基础操作牢记于心，增加熟悉度和理解力。

**2. 观察：**细致观察老师或视频中的编程示例，特别注意程序的结构和逻辑流程，这是理解编程实践的关键步骤，有助于掌握编程的基本原理。

通过细致观察老师或视频中的编程示例，孩子们可以了解不同程序的结构和逻辑流程，学习如何将任务分解成可执行的步骤，并理解这些步骤之间的关系和顺序。这有助于孩子们掌握编程的基本原理和逻辑思维方式。

**3. 实践：**在充分理解程序结构和积木指令的用法后，孩子们应亲自动手编写程序。实际操作能让他们更直观地感受每个积木指令的效果，并在实践中加深对编程的理解。

一旦孩子们对程序结构和积木指令有了一定的理解，就应该开始亲自动手编写程序。实际操作可以让孩子们更直观地感受到每个积木指令的具体效果，并在实践中逐步加深对编程的理解。

**4. 创新：**熟练掌握积木指令后，孩子们可以尝试实现自己的创意，这是将所学知识应用到实践中的重要环节，也能激发他们的创造力和想象力。

一旦孩子们熟练掌握了积木指令的使用方法，就可以开始尝试实现自己的创意。创新能够激发孩子们的创造力和想象力，例如开发一款独特的文字游戏，设计一个有趣的图案，或者实现一个具有创新性的功能。通过创新，孩子们不仅可以应用所学知识，还可以发挥自己的想象力，将创意付诸实践。这不仅可以丰富他们的编程经验，还可以提升他们的自信心和创造力。

以上四种方法——听、观察、实践和创新——构成了一个循环往复的学习过程。这个循环不仅帮助孩子们在编程学习中不断进步，而且还能持续激发他们的兴趣和动力。通过反复听讲和观察，孩子们能够深化理解；通过实践，他们将理论知识转化为实践技能；而通过创新，他们能够将所学知识应用到新的情境中，从而培养出解决问题的能力和创造力。

这个循环过程是动态的，随着孩子们技能的提升和兴趣的发展，他们会自然而然地回到这个循环的起点，继续他们的编程学习之旅。

## 书籍推荐

下面是我推荐的关于学习 Scratch 的图书。

《编程真好玩》（*Coding for Kids*）是一本专为6岁及以上零基础孩子设计的编程启蒙图书。这本书以生动有趣的方式介绍了编程的基本概念，孩子们可以跟随书中的项目实操，逐步学习编程技能。在家长的指导下，孩子们可以逐步掌握编程的基础知识，并体验到编程的乐趣。这本书旨在激发孩子们对编程的兴趣，为他们打开通往计算机科学世界的大门。

《动手玩转 Scratch 3.0 编程》是一本内容丰富、讲解细致的图书，它涵盖了 Scratch 编程的各个方面。这本书适合有一定编程基础的孩子阅读，通过深入学习，可以显著提高孩子们的编程技能。这本书不仅包括基础的编程指令，还涉及一些高级技巧和创意项目，非常适合孩子们在编程学习中进阶提升。

---

《Scratch 高手密码》是一本进阶的 Scratch 编程图书，内容主要集中在算法和深入的编程技巧上。这本书适合那些对编程有浓厚兴趣，并希望在编程领域深入学习的孩子们。由于书中的内容较为复杂，可能不适合所有年龄段的孩子，但它为那些希望提升编程技能和理解算法的孩子提供了宝贵的资源。

## 知识板块：解密图形化编程语言 Scratch

关于图形化编程语言 Scratch，许多家长可能认为它很简单，但没有意识到它的潜力。下面我将阐述 Scratch 的几个关键特点。

第一，Scratch 是由麻省理工学院的“终身幼儿园团队”开发的一款图形化编程工具，它以模块化和可视化的特点著称，.为青少年提供了一个独特的编程学习平台。孩子们可以利用 Scratch 轻松创作出多样化的项目，包括故事动画、富有趣味的游戏，以及令人陶醉的音乐等。

以经典游戏《飞机大战》为例，孩子们在创作过程中需要深入理解敌方飞机的移动规律、自己战机的操控技巧，以及子弹的发射机制。他们通过拖放和组合积木式的代码块，实现每个角色的行为逻辑，其中涵盖了移动、条件判断、循环等编程中至关重要的基础指令。在亲手构建游戏世界的同时，孩子们不仅锻炼了分析能力和知识迁移能力，还巩固了编程的基础。

在 Scratch 的学习过程中，孩子们不仅能够掌握编程技能，还能体验到创作的乐趣和成就感。通过 Scratch，他们可以将自己的想象和创意转化为现实，展现出无限的可能性。

第二，学习 Scratch 编程时，尽管其图形化界面简单直观，但实际上蕴含了丰富的知识和技能。为了确保孩子们能够顺利入门并享受编程的乐趣，我们建议他们在开始学习之前先掌握一些基本的电脑操作技能，例如熟练地使用鼠标、打开和关闭软件，以及保存和管理文件。我们建议一年级及以上的孩子开始学习 Scratch，因为他们已经具备了一定的识字量，能够理解并操作界面上的各个“积木”指令。

Scratch 是一款专为初学者设计的编程工具。孩子若能掌握基本的数学概念，如加减乘除、顺序和逻辑等，将有助于他们更有效地学习编程。编程学习是一个需要耐心和时间积累的过程，家长应当鼓励孩子持续保持兴趣，享受编程过程中的挑战与成就感，避免急于求成的心态。

为了保持孩子的学习热情和动力，家长应当制订合理的学习计划，防止孩子因过度劳累而丧失兴趣。同时，家长的支持和鼓励对孩子学习 Scratch 编程至关重要。请对孩子充满信心，并提供积极的鼓励，让他们相信自己有能力掌握 Scratch 编程，并在这一过程中不断学习和进步。

我们倡导家长与孩子一起探索 Scratch 编程的乐趣，共同体验编程带来的成就感和快乐。这样的互动不仅能加深亲子间的情感联系，还能让孩子在家长的陪伴和支持下，更加自信地迎接编程挑战。

第三，虽然 Scratch 无法解决所有编程问题，但它为初学者提供了一个出色的入门平台。通过使用 Scratch，孩子们可以学习编程的基础知识，培养编程思维，并激发对编程的浓厚兴趣。在掌握了 Scratch 之后，孩子们可以继续学习其他更强大的编程语言，以满足更高级和专业化的编程需求。

Scratch 编程语言是青少年理想的编程入门工具。它以趣味性的方法吸引孩子们进入编程领域，在整个学习旅程中，不仅让他们享受编程的乐趣，还逐步教授关键的算法逻辑，如冒泡排序和枚举法。这些基础技能的掌握为孩子们日后学习更高级的编程语言打下了坚实的基础，拓宽了他们的编程视野，使学习之路更加顺畅。

## 4.5.2 小学四年级：技能提升

在小学四年级阶段的编程学习中，孩子们应该掌握以下知识点。

**基础语法**：编程学习的基础，主要包括变量、数据类型、控制流程等。

**基础算法**：基本的算法概念，如排序、搜索等。这是解决编程问题的关键。

小学四年级是编程学习的关键时间点，主要原因有两点。

**数学知识储备**：小学四年级的孩子在数学知识方面已经有了一定的储备，逻辑思维也相对成熟，这有助于他们理解和应用编程概念。

**升学压力**：在小学四年级时，家长开始考虑孩子的升学问题，这时编程技能可以被视为提升竞争力的关键因素之一。

Python 作为一种简单易学的编程语言，适合小学四年级的孩子学习。小学四年级是孩子开始系统学习编程的合适时机，选择合适的编程语言和教学方法对于他们的学习效果至关重要。

例如，在学习 Python 的过程中，孩子们可能会遇到判断奇偶数的编程题目。这需要孩子们明确奇数和偶数的定义，并编写出使用 if 语句等条件语句来判断给定数字是奇数还是偶数的程序。这样的练习不仅加深了孩子们对奇偶数的理解，还锻炼了他们将问题分解为更小部分，并用逻辑思维编写代码的能力。

以使用欧几里得算法计算两个数字的最大公约数为例，这个问题涉及算法和数学原理。孩子们需要思考如何运用Python来实现欧几里得算法，并在编写和调试程序的过程中面对诸如如何表示循环次数的不确定性、如何表示不断变化的除数和余数，以及如何精确输出最大公约数等问题。

学习Python不仅能提高孩子们的编程技能，还能激发他们的创造力。在学习Python的过程中，孩子们不只局限于学习基础的编程语法和算法，他们还能够尝试将编程与其他领域相结合，创造出全新的作品或应用。例如，他们可以使用Python的绘图库创作具有独特艺术风格的图案，或者利用pygame游戏库开发有趣的动画和游戏。这些具有创新性的项目能够激发孩子们的创新精神，让他们学会通过编程来表达自己的创意和想法。

孩子们通过学习Python编程，不仅能够掌握一门实用的技能，而且在未来的学习和工作中也能够展现出自己的优势。从小处说，孩子们在学校申请社团时，能够凭借自己的编程技能增强竞争力；从大处说，掌握一门实用的技能，在未来的工作中也是具备优势的。

小学四年级是孩子们成长的关键阶段，此时让他们接触Python编程，不仅能够为他们将来学习更复杂的编程语言打下坚实的基础，还能为他们在科技领域的未来发展播下希望的种子。家长们应当抓住这一宝贵的机会，为孩子们的未来发展创造更多的可能性。

## Python 编程学习策略

在这个阶段学习Python时，可以采取以下策略。

### 1. 学习内容

基础知识：从简单的变量、数据类型开始学习，逐步掌握条件语句和循环语句的逻辑运用。

高阶内容：在牢固掌握基础知识后，进一步学习函数和算法等更高级的内容。

实际操作：通过在线编程平台如 LeetCode 等，选择适合自己的题目进行练习，以增进理解和巩固所学知识。

### 2. 学习方式

选择资源：选择适合儿童的学习资源，如专门针对儿童的编程网站、教育机构和图书。这些资源通常提供了通俗易懂的教程和练习题。

实例学习：相关图书中的具体实例和练习题有助于孩子们更好地掌握所学知识。

### 3. 编程活动

参与比赛：积极参加适合孩子的编程竞赛，如学校或社区组织的比赛，这是提升技能和激发兴趣的重要途径。

与同龄人交流：与同龄人交流可以发现自身优势和不足，并在交流中不断进步。

### 4. 持续学习

保持热情：学习 Python 需要具有热情并不断坚持。面对困难时，不应轻易放弃，可以通过寻求帮助或参考其他资料来解决问题。

获得支持：家长和老师应给予孩子们充分的支持和鼓励，帮助他们应对学习中的挑战。

## Python 编程学习要点

学习 Python 编程时，以下几个要点尤为重要。

1. **基础语法**：初学者最初需要掌握 Python 的基础语法，这包括数据类型、变量、运算符、控制流语句（如 if-else、for 和 while 循环）等。这些基础知识是构建更复杂程序的基础。

2. **顺序结构**：学习如何编写顺序结构的代码，即代码按照编写顺序依次执行。这种结构简单直观，有助于初学者理解编程的基本原则。

3. **分支结构**：掌握 if-else 语句等分支结构，能够使程序根据条件选择不同的执行路径，从而增强程序的灵活性和快速响应能力。

4. **循环结构**：学习 for 和 while 循环，这些循环结构允许相应的代码块有规律地重复执行，这对于处理需要重复操作的任务（如遍历列表或累加计算）非常有用。

5. **算法学习**：随着对 Python 基础语法的熟悉，可以进一步学习更复杂的算法。算法是编程的核心，通过学习算法，孩子们可以提高逻辑思维能力和解决问题的能力。

6. **应用领域探索**：随着对 Python 理解的加深，可以探索 Python 在不同领域的应用，如使用 Pygame 库编写游戏程序，通过编程实现游戏逻辑和交互。

7. **学习周期**：建议将 Python 学习周期控制在 2 年左右，这样孩子们可以在充分掌握基础知识的同时，有足够的时间进行实践和应用。

## Python 编程学习方法

Python 编程学习方法主要有以下几种。

1. 聆听：聆听老师讲解，吸收基础知识与概念。虽然这是一种被动的学习方式，但它为理解后续内容奠定了基础。

2. 观看：仔细观看教学视频中展示的代码示例，注意代码的结构和逻辑流程。这是理解编程实践的关键步骤。

3. 阅读：阅读示例代码，尝试理解每一行代码的功能和作用。

4. 实践：在聆听、观看、阅读之后，最重要的是亲自编写代码。可以模仿所学示例，逐步熟悉编程环境和代码编写过程。

5. 创新：在掌握了基本的语法和编程技巧后，可以尝试实现一些自己的想法，比如创作一款文字游戏或绘制一个有趣的图案。

学习 Python 的最佳途径是多实践。大量的实践练习能提升解决问题的能力。实践是巩固和深化理解的最佳方式。只有持续不断地实践，才能真正掌握 Python 编程。

## 书籍推荐

下面是我推荐的关于学习 Python 的书籍。

《编程真好玩：9 岁开始学 Python》是一本非常适合 9 岁及以上孩子的编程书籍。这本书的特点是通过编写游戏的方式，将专业的编程知识变得生动有趣。它适合孩子们通过实践和探索来学习编程，同时也能够激发他们对编程的兴趣。通过这种方式，孩子们可以在享受游戏创作的过程中掌握编程的基本概念和技能。

---

《父与子的编程之旅：与小卡特一起学Python》是一本以一对父子的视角，通过有趣的漫画和例子，生动通俗地介绍Python字符串和操作符等程序设计基本概念的书籍。这本书适合10岁及以上、有一定编程基础的孩子阅读。它不仅涵盖了编程知识，还包含了不少计算机科学的基础知识，使孩子们在理解编程概念的同时，拓展了对计算机科学的相关认知。通过阅读这本书，孩子们可以在轻松愉快的氛围中学习编程，并尝试编写简单的游戏程序。

## 知识板块：解密代码编程语言 Python

关于Python编程语言，我们可以从以下三个角度进行解析。

（1）Python因其简单易懂的语法和清晰明了的代码风格，被认为是适合初学者的编程语言。这种易学性使得孩子们能够更容易地理解和编写程序。

（2）Python拥有丰富的库和框架，如NumPy、Pandas、Django等。这些资源为孩子们提供了广阔的创造空间，可以支持他们进行各种项目创新。

（3）学习Python之前，基本的计算机操作技能是必要的，比如鼠标和键盘的使用、文件的基本操作等。

虽然Python编程不需要深厚的数学背景，但具有基本的数学概念和逻辑思维对于理解编程中的逻辑和算法是很有帮助的。孩子们需要对编程有浓厚的兴趣，愿意投入时间、精力去学习和实践。

在学习 Python 的过程中，有一些错误的做法需要避免，特别是对于初学者来说。例如，有些教育机构或家长可能会为了让孩子快速学会 Python，而采用过于简化或趣味性的教学方式，比如把 Python 编程简化为填空题或选择题，其他大部分工作由老师或家长完成。这种方法可能会让孩子对编程产生误解，认为编程就是简单的填空或选择，而不是真正的编程思维和解决问题的过程。

Python 是一种适合所有年龄层，特别是儿童和初学者的编程语言。它拥有丰富的资源和工具，让编程变得既有趣又易于学习。学习 Python 需要做好充分的准备，具备一定的基础知识，以及对编程的浓厚兴趣和热情。

同时，也应意识到 Python 在某些特定领域可能存在局限性，需要其他编程语言或工具的配合。例如，在编写操作系统或内核模块等任务时，C 或 C++ 等语言可能更为合适。

Python 无疑是一种功能强大的编程语言。在开始学习之前，我们应该做好充分的准备，并保持持续的学习热情和动力。这不仅有助于我们深入掌握 Python 的核心概念，更为将来学习更高级的编程语言打下坚实的基础。通过不断的学习和实践，我们可以充分发挥 Python 的优势。同时，我们也需要认识到在不同应用场景下选择合适工具和技术的重要性。

### 4.5.3 小学五年级～初中一年级：科技特长

在五年级至初中一年级这个关键成长阶段，随着孩子们理解能力和数学知识储备的提升，他们的学习目标应定位为 CSP-J。根据 NOI 2023 的大纲，孩子们在此阶段应掌握以下知识点。

1）计算机基础知识与编程环境：

◎ 计算机基本构成；

◎ 操作系统（如 Windows、Linux）的基本概念和常见操作；

◎ 计算机网络基础；

◎ 计算机历史和常见用途。

2）语法知识：

◎ 输入输出操作；

◎ 常量与变量；

◎ 基本数据类型；

◎ 基本运算符；

◎ 控制结构（分支、循环）；

◎ 数组与字符串；

◎ 函数、结构体与指针；

◎ STL 模板与文件操作。

3）算法知识：

◎ 枚举法；

◎ 模拟法；

◎ 贪心算法；

◎ 递推与递归；

◎ 二分法；

◎ 倍增法；

◎ 高精度计算；

◎ 排序与搜索算法；

◎ 图论基础；

◎ 动态规划。

4）数据结构：

◎ 线性结构（链表、栈、队列）；

◎ 简单树结构（树与二叉树的定义、表示、存储与遍历）；

◎ 特殊树结构（完全二叉树、哈夫曼树、哈夫曼编码、二叉搜索树）；

◎ 简单图结构（图的定义、表示与存储）。

5）数学与其他：

◎ 数及其运算；

◎ 进制转换；

◎ 初等数学（代数、几何）；

◎ 初等数论（整除、因数、倍数、指数、质数、合数、取整、模运算、整数唯一分解定理、辗转相除法、素数筛法）；

◎ 离散与组合数学（集合、加法原理、乘法原理、排列、组合、杨辉三角）。

在这一阶段的编程学习中，若孩子有意向走专业路线，尤其是科技特长，则数学成绩将成为关键因素之一。对数学成绩优异的孩子来说，学习 C++ 是挑战与机遇并存的选择。

C++ 作为备受推崇的高级编程语言，在众多领域有广泛应用，尤其在竞赛中备受青睐。其强大的语言功能足以支持开发各类软件和系统，如游戏开发、操作系统等。然而，强大的功能也意味着较高的学习难度。C++ 对逻辑思维能力和数学基础有要求，对五年级至六年级的孩子可能带来挑战。

对于数学成绩优异的孩子，学习 C++ 是一条性价比很高的路径。只有掌握 C++ 语言、算法设计、数据结构及相应的数学知识，他们才能具备足够的能力应对未来的 CSP 竞赛等专业挑战。在这个阶段，孩子们的逻辑思维开始升华，数学基础也更加扎实。学习 C++ 不仅能进一步提升他们的逻辑思维和编程技巧，也为未来的专业发展奠定坚实基础。

然而，对于数学成绩一般的孩子，学习 Python 可能是更佳选择。Python 作为一门简单易学的编程语言，更适合初学者。通过学习 Python，孩子们可以弥补数学能力的不足，同时培养编程思维和问题解决能力。Python 在数据科学、人工智能、网络编程等领域有广泛应用，为孩子们未来的学习和职业发展提供更多可能性。

综上所述，五年级至初中一年级的孩子在选择编程语言时，需综合考虑数学成绩、兴趣爱好及未来职业规划。无论是学习 C++ 还是 Python，都能为他们的学习和成长提供有力支持。

### 4.5.4 初中一年级 ~ 高中二年级：中高考规划

在与家长的日常交流中，我经常收到初中一年级甚至高中生家长的咨询，他们询问有关科技特长和参加竞赛的途径，同时担心孩子现在开始学习编程是否为时已晚。这个阶段的孩子们正步入青春期，未来的升学路径日渐清晰。许多家长开始积极寻求专业意见，因为在这个关键时刻，家长的决策和规划将直接影响孩子的学习和职业发展。

对于在编程中展现天赋的孩子，家长们开始积极寻找各种资源和机会，规划孩子的竞赛路线，寻找合适的比赛项目，并提供必要的支持和指导。他们意识到，参与竞赛不仅能锻炼孩子的学习技能和竞争精神，还能丰富他们的升学简历。

对于初中生来说，学习编程恰逢其时。在这个时期，孩子们的逻辑思维能力和数学基础已经相对成熟，这有助于他们更容易理解编程的概念和原理，并能更快地掌握相关技能。同时，他们在学校所学的知识和技能，如逻辑思维和问题解决能力，也为学习编程提供了坚实基础。此外，编程学习不仅能提升孩子们的计算机技能，还能锻炼他们的创造力、团队合作精神和问题解决能力。这些素质对于孩子们未来的学习和职业发展都至关重要。

尽管编程学习可能会遇到挑战，如学习曲线陡峭，需要投入时间和精力来掌握，但只要孩子们保持兴趣和动力，并得到家长和老师的支持与鼓励，他们完全有能力成功学会编程。这种学习经历将为他们在未来的学习和职业生涯中取得成功打下坚实的基础。

对于高中阶段的孩子，如果他们在初中阶段没有接触过编程，那么高中开始学习编程确实可能稍显晚些。但如果孩子在数学方面有特殊的才能，他们仍然可以选择性地学习编程。然而，鉴于高中阶段时间相对紧张，建议孩子们应将主要精力集中在文化课程的学习上。

对于那些已经具备编程基础，甚至在编程竞赛中获得过奖项的高中生，他们可以为参加更高级别的编程竞赛做好准备。这样的经历不仅能够锻炼他们的编程技能，还能为他们的学术和职业发展增添亮点。

## 书籍推荐

以下是我推荐的几本对学习 C++ 有帮助的书籍。

《小孩子 C++ 趣味编程》是一本非常适合初学者学习 C++ 编程的书籍。内容设计贴近小孩子的学习生活和认知水平，循序渐进地通过有趣的小任务来讲解 C++ 知识，轻松激发孩子的学习兴趣。

《信息学奥赛一本通》专为竞赛选手设计，适合入门和系统学习。书中内容配套了练题网站，方便孩子在网站上对应练习。前半部分详细讲解了编程竞赛的考点，语言通俗易懂，每节课后都有相应的习题。后半部分包含模拟试题及答案解析，涵盖了 CSP-J/CSP-S 的初赛模拟题目，非常适合竞赛选手使用。

---

《CCF 中学生计算机程序设计》是中国计算机学会（CCF）的官方教材，非常适合竞赛入门学习。全套教材分为入门篇、基础篇、提高篇和专业篇，内容循序渐进，配有详细的例题，全面讲解了中学生程序设计竞赛各阶段的知识。书的宗旨是普及计算机科学教育，培养孩子的计算思维能力。

---

《算法竞赛入门经典（第 2 版）》是一本经典的算法竞赛指导书籍，非常适合用于深入训练。书中例题难度较高，适合孩子在巩固和拓展算法知识的同时，学习解题策略和答题技巧。这本书非常适合作为 NOIP（全国青少年信息学奥林匹克联赛）和 NOI（全国青少年信息学奥林匹克竞赛）的训练用书。

## 知识板块：解密竞赛编程语言 C++

在竞赛编程领域，尤其针对 C++，家长和教育者需要注意一些问题。首先，家长的过度焦虑可能导致他们过早地让年幼的孩子，如三年级学生，开始学习 C++，或者一些培训机构为了吸引学生而提前教授 C++。这些做法都是不可取的。在孩子的心理和基础知识尚未成熟的情况下，过早地引入 C++ 编程学习可能会产生负面效果，使孩子对编程产生反感甚至抵触情绪。

其次，C++ 的学习很大程度上取决于教练的水平。如果教练能力不足，无法提供正确的指导和深入的解释，那么孩子的学习效果将大受影响。这是学习过程中的另一个重要问题。

最后，C++ 赛事的不合理规划也是一个严重问题。缺乏清晰、合理的规划，就像在黑暗中摸索，既浪费时间又难以取得理想的成绩。

C++ 的学习难度有其层次性，它既包括了对基础概念的理解，也涉及复杂算法和逻辑的挑战。面对这样的学习曲线，保持冷静和理性是非常重要的。

建议家长不要被编程热潮所驱动，盲目跟风，应该根据孩子的实际情况和兴趣来合理安排学习计划，避免急功近利的心态。同时，教育机构也不应该仅仅为了商业利益而让孩子过早接触难度过高的内容，这可能会对孩子的学习兴趣和自信心造成损害。

此外，选择一位优秀的教练对于孩子的编程学习也至关重要。高质量的指导不仅能帮助孩子更好地理解 C++ 的基础知识，还能在他们面对复杂问题时提供有效的解决方案和思路。因此，家长和教育机构都应该重视教练的选择，确保孩子能够在一个健康和积极的环境中学习编程。

在赛事规划方面，应该根据孩子的能力和兴趣来制定实际可行的目标和计划，确保学习过程是稳步前进的。这样的方法可以确保孩子在竞赛编程 C++ 的道路上获得真正的益处，同时避免他们陷入混乱和压力巨大的学习环境中。

我们应该提倡一种理性和科学的学习方式，为孩子营造一个健康且有益的竞赛编程学习环境。在这样的环境中，孩子们能够健康成长，充分发挥他们的潜力。家长、教育者和培训机构都应该致力于创造这样的环境，支持孩子们在兴趣的驱动下，通过合理的规划和高质量的指导，实现个人成长和技能提升。

## 4.6 编程学习误区

在一次我们公司举办的茶话会上，来自全国各地的家长和孩子针对编程学习进行了一次热烈的讨论。家长们提出的问题不仅引人深思，而且有趣，甚至让我大开眼界。

有的家长问道："孩子现在不学习编程就是文盲吗？"这个问题引发了家长们的热烈讨论，并触及一个重要的观点：不学习编程并不等同于文盲。尽管在数字化时代，编程技能变得越来越重要，但这并不意味着每个人都需要成为程序员或专业的编程工作者。

掌握一些基本的计算机知识和编程概念，对于现代生活确实有很大的帮助。即使不从事编程专业，了解编程也可以帮助我们更好地理解数字产品和技术，提高在科技时代的生活质量。例如，理解基础编程概念可以让我们更有效地使用计算机和手机，以及更好地理解网络安全和隐私保护等关键概念。

虽然不学习编程不等同于文盲，但学习一些基础编程知识对于我们在当今社会的生活和工作确实具有极大的价值。它不仅能够提升我们对技术的理解和应用能力，还能帮助我们在日益数字化的世界中更加自信和高效地工作与生活。

有的家长提出："图形化编程比较幼稚，我家孩子不学，简直就是浪费时间！等到他四年级直接学 C++。"这个观点引起了家长们的广泛关注。

图形化编程确实不应该被视为幼稚的学习工具。它是否适合孩子学习，主要取决于孩子的年龄和发展阶段。对于年幼的孩子来说，图形化编程是一种非常有效的入门方式，可以帮助他们建立编程的基本概念。

通过图形化编程，孩子们可以在一个视觉化的环境中学习，这有助于他们理解编程的逻辑，培养逻辑思维能力，并增加对编程的熟悉度。例如，幼儿园或小学一年级的孩子通过拖放操作来创建程序，这样的活动不仅简单有趣，还能激发他们对编程的兴趣和探索精神。

对于四年级或更高年级的孩子，直接学习如 Python 这样的文本编程语言可能更为合适。在这个阶段，孩子们已经具备了更强的学习能力和逻辑思维，能够更深入地理解编程的原理和技巧。

总的来说，图形化编程是少儿编程教育的重要组成部分，它提供了一个直观、有趣的学习环境，有助于培养孩子的编程思维和创造力。只要孩子的年龄和发展水平适合，学习图形化编程不仅有益，而且是一种有效的学习方式。

这时，一位五年级的小朋友站起来说："我目前面临一个困惑。我的数学成绩一般，但我很想学编程。我的妈妈认为，现在学习 C++ 对于我的学业发展并无实际帮助，甚至认为学习编程本身没有太大意义。这是真的吗？"

我回答道："尽管 C++ 是一种被广泛使用的编程语言，但它并不是每个人都必须掌握的。选择一门符合个人兴趣和目标的编程语言同样关键。重要的是找到最适合自己的学习路径。

此外，即使不学习 C++，通过掌握其他编程语言和技能，同样可以在编程领域取得成功。目前市场上有许多专为初学者设计的编程语言和工具，例如 Python 和 Scratch，它们不仅易于上手，还能帮助初学者快速建立对计算机科学和编程的基础理解。”

讲到这里，我看到了这位小朋友脸上露出了笑容，我能感受到他找到答案的喜悦。他紧接着又问：“那学习编程就是为了升学竞赛吗？”我明白他期待的是什么，于是我认真地为他解答：

“学习编程的意义远远超越了升学竞赛的范畴。虽然在当今数字化时代，编程技能无疑为学术竞争提供了优势，但其真正的价值远不止于此。编程不仅培养创造力、解决问题的能力和逻辑思维，这些技能是跨领域成功的关键。

“通过编程，我们能够学习如何利用技术创造新事物，推动社会的进步和发展。此外，编程教育还帮助我们更深刻地理解并有效利用科技，增强我们在数字化时代中的适应能力，让我们能够更好地面对未来的挑战和把握机遇。

“学习编程也是个人职业发展的坚实基石。无论是软件开发、数据科学、人工智能还是其他技术领域，扎实的编程基础都是必不可少的。因此，学习编程的目的不应仅限于升学竞赛，更应着眼于拓宽职业道路和提升个人竞争力。

总而言之，学习编程是一项具有深远意义的投资。它不仅有助于提升学术成就，还能培养多方面的技能和素养，为个人在未来发展中打下坚实的基础。”

这时，一个温柔的声音响起：“那么机器人编程和我们现在学习的软件编程有什么区别呢？选择哪个更好？”这个问题确实一直被许多家长关注。

机器人编程与软件编程有显著差异。首先，机器人编程涉及对物理世界的操作和控制，而软件编程主要在虚拟环境中进行。机器人编程需要考虑机器人的运动、传感器反馈及其与物理环境的交互，而软件编程主要关注数据处理、算法设计等问题。

其次，机器人编程涉及对硬件知识，包括电子元件、传感器、执行器等的了解和控制，而软件编程则更专注于算法、数据结构、逻辑等软件层面的内容。

另外，机器人编程通常成本较高，因为需要购买机器人硬件、传感器等设备，而软件编程成本相对较低，只需要计算机和开发工具。

此外，机器人编程门槛通常较高，需要理解物理世界的运动规律、传感器原理等知识，并将其与编程技能相结合。软件编程门槛相对较低，只需掌握基本编程概念和语法即可入门。

总的来说，机器人编程和软件编程各有特点。机器人编程涉及物理世界操作，成本和门槛较高；软件编程主要在虚拟环境中进行，成本和门槛较低。选择哪个更好取决于个人的兴趣、目标和资源。

综上所述，家长在编程学习中容易陷入的误区有以下几点。

（1）一个主要的误区是选择不适合孩子年龄段的编程语言，或者选择的编程语言与孩子的未来发展方向不匹配。有些家长过早地让孩子学习复杂的编程语言，而有些孩子在合适的年龄段学习编程时，并未选择适合他们未来发展的编程语言，导致学习效果不佳。

（2）另一个误区是家长对编程学习所需时间的误解。有些家长期望孩子能在短时间内掌握编程技能，因此会给孩子安排密集的编程课程和练习，忽略了编程学习是一个需要持续投入时间并实践的过程，不能急于求成。

（3）此外，一些家长追求速成，倾向于让孩子使用现成的框架和工具来完成编程任务，而忽视了基础知识和算法思维的培养。这种方式虽然能快速实现某些功能，但从长远来看，可能会限制孩子的成长空间，使他们难以深入理解编程的核心原理。

（4）最后，一些家长在选择编程赛事时可能不够谨慎，让孩子参加了一些非官方认可的竞赛或活动。这不仅浪费时间和精力，还可能给孩子带来负面的学习体验和心理压力。

因此，我建议家长在引导孩子学习编程时，应选择适合孩子年龄和兴趣的编程语言和课程，合理规划学习时间，重视基础知识和算法思维的培养，并选择正规的编程赛事。通过提供良好的学习环境和机会，家长才能真正帮助孩子在编程学习上取得稳定进步和长期成就。

# 第 5 章
# 相关赛事

# 5.1 等级考试

## 5.1.1 考级是什么

在当今教育体系中，考级不仅成为衡量孩子技能掌握水平的一种普遍方式，也成为激励孩子持续学习和训练的动力。考级通常由专业机构根据标准化的评估体系进行，确保评估的公正性和权威性。每个级别都有明确的技能要求和标准，这些要求和标准有利于激励孩子持续学习和训练，孩子可以按照这些要求和标准准备并展示自己的技能。阶段性的考级通过，能够大幅度增强孩子的自信心和成就感。

艺术类学科，如钢琴、舞蹈、绘画、书法，体育类学科，如跆拳道、羽毛球，或素质类学科，如围棋、魔方等，都设有考级制度，为孩子提供了展示和认证自己技能的机会。在少儿编程领域，这一趋势同样明显，无论是学习 Scratch、Python 还是 C++ 的孩子，都有机会参加考级。这种考级制度不仅能够检验孩子的学习成果，还能够激发他们的学习兴趣和动力，促进他们在编程领域的深入探索。

## 5.1.2 要不要考级

我的女儿在小学二年级时通过了中国电子学会的等级考试，获得了图形化编程一级和三级证书。在四年级，她又取得了中国计算机学会 Python 编程的一级和三级证书。这些等级认证和相关的编程竞赛成绩助力她连续三年获得了北京市海淀区“区三好学生”的称号，以及北京市“市三好学生”的称号，也为她评优评 A 提供了明显的优势。

在选择考级时，家长可以采取以下策略以确保考级对孩子有益。

1. 关注主办方：首先应考虑主办方的级别和背景。国家级学术组织如中国电子学会、中国计算机学会等通常设定更严格的标准，并具有更大的影响力。同时，主办方应遵循“考培分离”原则，确保考试的公正性。就像裁判员不参与球队训练一样，主办方应在考试中保持中正。

**2. 考虑考级的权威性和实用性：**面对市场上众多的少儿编程考级，家长应警惕那些可能与机构合作以盈利为目的的考级，或难度较低以促使家长续费的考级。在选择考级和机构时，家长应详细咨询该考级相对于其他考级的优势，以及考级的权威性和实用性。

**3. 了解地区的认可程度：**部分学校的招生简章中可能包含科技特长生的招生政策，考级成绩可能成为选拔标准之一。如果某考级被学校认可，这表明它在一定程度上具有权威性。因此，家长应考虑考级在各地区的认可情况，以评估其对孩子未来发展的帮助。

**4. 观察考级每年的参考人数：**如果某考级每年都有稳定的参考人数，并且逐年增加，这表明该考级受到广泛认可，标准合理，适合多数孩子参加。

综合考虑以上几点，家长们可以更轻松地为孩子选择合适的考级。同时，家长还应与孩子沟通，了解他们的兴趣和需求，确保考级过程能真正促进孩子的个人成长和技能提升。

在我们这里，每当学员完成一个学习阶段，我们都会为他们推荐相应的考级。这不仅有助于孩子们及时检验自己的学习成果，发现并弥补不足，还能让家长和孩子清楚地了解自己所处的水平阶段，并明确未来努力的方向。考级种类繁多，主办方和组织形式各有不同，在这里也给大家两个方向作为选择参考。

### 1. 中国计算机学会编程能力等级认证

我要特别推荐一个含金量很高的考级——GESP（Grade Examination of

Software Programming）。它是由中国计算机学会（China Computer Federation，CCF）发起并主办的面向青少年的编程能力等级认证，具有极高的权威性和公信力。GESP 认证覆盖了从小学到高中的全学段，考试内容包括图形化编程认证一到四级、Python 和 C++ 编程认证一到八级。

CCF 每年都会安排四次 GESP 认证考试，分别在 3 月、6 月、9 月和 12 月进行。

GESP 与其他考级有着显著的不同之处。

◎ 考试形式：GESP 采用的是现场集中机考的方式，确保了考试的公平性和公正性。

◎ 跨语言升级：假设学生通过了图形化二级考试之后开始学习 Python，那么他可以直接从 Python 三级开始考试。这样的机制鼓励了学生在不同编程语言间的转换和升级。

◎ 与 CSP-J/S 衔接：GESP 最高两级 7~8 级大纲与 CSP-J/S 大纲基本吻合。GESP 也出台了与 CSP-J/S 衔接的机制，对于那些已经通过最高级别的学生，达到一定条件可以免除 CSP-J/S 的初试。这无疑为编程竞赛强省的学生创造了更多获奖的机会。

#### 2. 全国青少年软件编程等级考试

全国青少年软件编程等级考试，即中国电子学会（Chinese Institute Of Electronics，CIE）的青少年等级考试，是一个国内较早开展且权威性较高的考级项目，其中，软件编程类考试涵盖了 C++ 语言（C/C++ 1~10 级）、Python 语言（Python 1~6 级）和图形化编程（Scratch 1~4 级）。

CIE 每年安排多次考试，分别在 3 月、6 月、9 月和 12 月进行。

与 GESP 不同的是，CIE 考级居家线上进行（部分地区可能会根据实际情况调整）。对于一些不便参加线下考级的学员来说，线上参加更加便捷。由于 CIE 考级项目组织时间较长，且具备考培分离、公平公正的特点，目前它已成为受大众欢迎的考级项目之一。考培分离意味着考试和培训是分开的，这样可以确保考试的公正性和客观性。这种模式不仅提高了考试的权威性，也增加了公众对考级结果的信任。

综上所述，这些考级为孩子们提供了一个自我超越和自我证明的平台。考级不仅仅是一纸证书，更是对学生们编程技能的官方认可。通过参与这些考级，孩子们不仅能够系统地学习和掌握编程知识，还能够通过考试来证明自己的能力。

### 5.1.3 考级如何准备

为了确保等级考试的顺利通过，充分的准备至关重要。在帮助女儿备考时，我会先让她熟悉考试内容，并提醒她仔细阅读考试指南，了解考试涵盖的知识点和具体要求。

1. **制订学习计划**：根据考试内容，我会帮助她制订一个合理的学习计划，并确保她有足够的时间进行准备。

2. **练习题目**：通过大量的练习题，她能够加深对知识点的理解，并提高解决问题的能力。

3. **模拟考试**：在考试前，我会安排模拟考试，以帮助她熟悉考试环境和题型，增强她的应试能力。

4. **鼓励和支持**：在整个准备过程中，我会给予她充分的鼓励和支持，帮助她保持积极的态度和信心。

## 5.2 白名单

在编程学习过程中，尤为推荐参加由权威组织主办的比赛。我的女儿从四年级开始便积极参与蓝桥杯、NOC（全国中小学信息技术创新与实践大赛）、全国青少年人工智能创新挑战赛，并斩获了多个奖项。这些比赛不仅丰富了她的学习经验，也在她的学术生涯中扮演了至关重要的角色。值得一提的是，她参加的这些赛事均被列入了教育部白名单。

### 5.2.1 教育部白名单是什么

教育部白名单是指由中华人民共和国教育部正式发布并认可的，面向6至18岁中小学生的全国性竞赛活动清单。2022—2025学年中小学竞赛白名单共包含43项竞赛，这些竞赛分为自然科学素养类、人文综合素养类和艺术体育类3个大类。其中，自然科学素养类包括23项竞赛，人文综合素养类有12项，艺术体育类则有8项。

### 5.2.2 白名单赛事如何选

白名单赛事是经过中华人民共和国教育部筛选和认可的，具有公正性、权威性和正规性的比赛，其含金量非常高。虽然教育部明确规定竞赛结果不得作为中小学招生入学的依据和高考加分项目，但社会普遍认为获奖证书能增加学生的升学竞争力，尤其是在特殊招生项目中。白名单比赛的主要作用是规范竞赛市场，促进学生全面发展，家长和学生应理性看待竞赛的作用，依据孩子的兴趣和特长选择是否参加。

在小学和初中阶段，获得教育部竞赛白名单中的竞赛奖项，在学校评优评奖时会优先考虑，并在孩子的综合素质评价上增加分数。参加这些竞赛对孩子未来的教育和职业发展将产生重要影响。

以下是一些推荐的权威赛事。

**1. 全国青少年人工智能创新挑战赛：**由中国少年儿童发展服务中心主办，以专业的科技创新教学理念与高规格的赛事运营水平获得社会各界的高度认可与支持，连续 3 年位列教育部白名单赛事。此赛事难度适中，适合初学者尝试参加。

**2. 全国中小学信息技术创新与实践大赛（NOC）：**由中国人工智能学会主办，中国信息技术教育杂志社承办，旨在培养广大师生的创新精神和实践能力，是一个面向青少年学生开展人工智能科学普及、引领科技创新的素质教育实践平台。

**3. 世界机器人大会青少年机器人设计与信息素养大赛：**被誉为机器人界的“奥林匹克”，由中国电子学会主办，自 2020 年起连续入围教育部办公厅公布的面向中小学生的全国性竞赛活动名单，实现了多个竞赛项目的大赛成绩国际互认。

**4. 全国青少年科技教育成果展示大赛：**由中国下一代教育基金会主办，面向广大中小学生，组织开展适合青少年特点的，富有创造性、示范性和导向性的科技教育成果展示和竞赛活动。

**5. 全国青少年科技创新大赛：**由中国科协、自然科学基金委、共青团中央等组织共同主办，是一项全国性的具有示范性和导向性的青少年科技竞赛活动，旨在展示中小学生的科技创新成果和科学探究项目。

**6. 蓝桥杯全国软件和信息技术专业人才大赛：**由工业和信息化部人才交流中心举办，是国内最大的信息技术竞赛。自第八届起，蓝桥杯针对中小学生开设青少年创意编程组，是在青少年编程领域颇具影响力的权威赛事，旨在提升孩子的科技素养、计算思维和程序设计能力。

以上赛事均具有权威性，家长可以根据孩子的学习进度和阶段选择适合的赛事参加。

### 5.2.3 白名单赛事有什么用

参加白名单赛事对孩子的发展有多方面的积极作用。首先从评优评先进的角度来看。在某些地区和学校，白名单赛事获奖证书能够成为孩子评优评先进的重要参考。需要明确的是，虽然这些奖项可以作为评优评先进的依据，但根据教育部的规定，它们不可作为升学的依据。教育部严禁将任何竞赛奖项作为升学考试的加分依据，五大奥赛除外。

尽管如此，许多家长可能会认为，既然竞赛奖项与小升初无关，那么在小学阶段就没有必要学习和参加竞赛。这种观点有些偏颇。首先，白名单赛事是受到教育部鼓励和支持的，且大部分面向小学生开放。通过对比不同年份的白名单竞赛项目，我们可以看到竞赛类型的增加或减少，这反映出国家对培养孩子综合素养的改革方向，以及对科技战略人才和创新人才培养的重视。如果孩子对某项竞赛感兴趣，那么参加竞赛所带来的综合能力提升对他们来说是非常有价值的。

其次，虽然竞赛结果与小升初不直接挂钩，但等到真正需要用到竞赛奖项时再去准备就太迟了。初中阶段的学习任务繁重，孩子的时间和精力有限，若没有明确的目标，则试错成本会很高。

因此，在小学阶段参加竞赛不应过于功利化。即使兴趣与升学不直接相关，也应趁着小学学业任务较轻，培养一些科技类的兴趣，参加一些比赛并获得奖项。如果这些爱好能在日后的升学中发挥积极作用，提前进行培养，那将是锦上添花。

## 5.2.4 白名单赛事如何准备

如果孩子打算参加竞赛，那么我们应该如何进行准备呢？

通常，编程竞赛分为初赛、复赛和决赛等阶段，通过层层筛选来晋级。一般会根据分数及参赛人数的百分比进行划分。这便是比赛的基本选拔规则。在白名单中，有关软件编程的赛事多达十几种，每个赛事的主办单位不同，所设置的竞赛规则也存在差异。因此，如果孩子选择参加考试，就需要先去了解竞赛规则，包括参赛流程、评分标准、晋级条件、考纲设置等。

了解竞赛规则后，孩子就可以开始制订具体的训练计划了。如果孩子在机构学习，那么机构的专业老师一般会分享相关赛事。家长既可以从机构获取信息，也可以通过赛事的相关公众号来更详细地了解相关赛事。

在制订训练计划时，要根据竞赛的特点进行专项训练。有些比赛侧重于对算法的考核，有些比赛则侧重于实际操作。要了解侧重点，关键的一项就是要进行模拟练习。通过模拟题和历年真题来进行训练，可以熟悉比赛题型及时间压力。

竞赛准备是一个系统性的过程，需要孩子、家长和教师的共同努力。尽管竞赛结果无法直接作为升学依据，但竞赛本身对于孩子的个人成长和能力提升有着重大意义。因此，我们在为孩子选择竞赛时，应注重竞赛的教育价值，而非仅仅看重其功利性。通过合理的规划和准备，孩子能够在竞赛中收获宝贵的经验。无论成绩如何，重要的是他们在这个过程中学到的知识和技能，以及面对挑战时所展现出的勇气和坚持。

# 5.3 信息学奥赛

## 5.3.1 信息学奥赛是什么

国际信息学奥林匹克竞赛（IOI），简称信息学奥赛，是计算机科学领域的一项全球性重要竞赛，是五大学科国际顶级奥赛之一，如图 5-1 所示。它吸引了世界各地对计算机科学和编程充满热情的年轻才俊。接下来，我们将介绍信息学奥赛的内涵、重要性及其在全球范围内的影响。

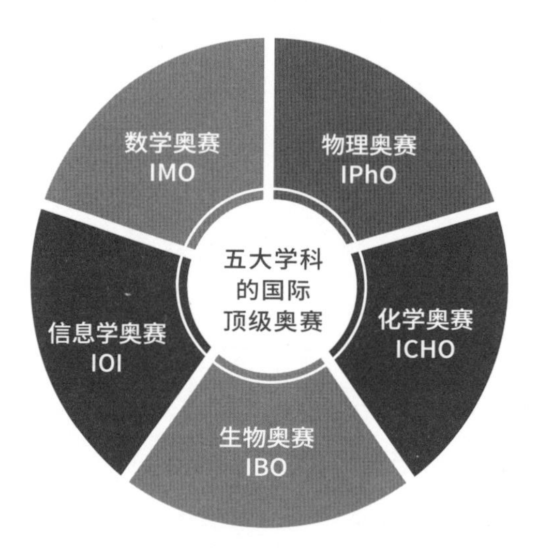


图 5-1 五大学科的国际顶级奥赛

国际信息学奥林匹克竞赛（IOI）是一项面向全球高中生的计算机科学竞赛，致力于培养和提升孩子在计算机科学及编程方面的激情与专业技能。此竞赛由国际信息学奥林匹克委员会组织，每年举办一次。

中国会选拔国内最有竞争力的学生团队代表中国参与国际信息学奥林匹克竞赛。中国计算机学会（CCF）作为国内信息学奥赛的官方组织单位，构建了一系列分层级的信息学奥赛，源源不断地为国家培养和选拔信息学奥赛人才。国内权威的信息学奥赛如下所述。

◎ CSP-J/S（Certified Software Professional Junior/Senior）：CCF 非专业级软件能力认证，每年 9 月初赛，10 月复赛，各省各自组织线下比赛。相当于大家比较熟悉的体育赛事中的省运会级别。

◎ NOIP（National Olympiad in Informatics in Provinces）：全国青少年信息学奥林匹克联赛，每年 11 月左右进行，各省各自组织线下比赛。相当于体育赛事中的省运会级别。

◎ NOI（National Olympiad in Informatics）：全国青少年信息学奥林匹克竞赛，每年 7 月份进行，计算机学会选定地点组织。相当于体育赛事中的全运会级别。

信息学奥赛的核心内容包括解决实际问题的算法设计与编程实现。参赛者需要在限定的时间内，运用指定的编程语言，编写程序以应对一系列挑战，从而展现其编程技巧、算法思维和创新能力。

## 5.3.2 信息学奥赛的重要性和影响

信息学奥赛的重要性和影响不容忽视，有以下几个关键点。

**1. 推动学科进步：**信息学奥赛为全球青少年提供了一个展示和发展计算机科学技能的国际舞台，从而促进了计算机科学领域的持续发展和创新。

**2. 培养创新能力：**信息学奥赛强调解决实际问题的能力，要求参赛者运用创新思维和灵活的算法设计，从而有效提升参赛者的创新意识和问题解决能力。

**3. 促进国际交流：**作为一个国际性竞赛，信息学奥赛吸引了来自世界各地的年轻才俊。参赛者在竞赛中不仅能学习交流计算机科学知识，还能结识有不同国家和文化背景的朋友，加强了国际交流与合作。

4. **提升竞争力**：在信息学奥赛中取得优异成绩的参赛者，往往在学术和职业发展上拥有显著优势。这不仅有助于他们申请学校和奖学金，也为他们在未来的职业生涯中取得成功奠定了基础。

信息学奥赛的获奖者在数学、计算机科学等学科上通常展现出卓越的学术成绩和优秀的团队合作能力、创新思维和问题解决能力。在全国各个地区，信息学奥赛获奖成绩在孩子的初中升高中、高中升大学环节都有一定的助力作用，也是提升出国留学背景的一个重要砝码。

## 初中升高中阶段

有信息学特长的孩子可以通过科技特长生政策进入重点中学学习。科技特长生是经过教育部门发文，有正式定义的、享有特殊招生政策的学生群体。科技特长生政策是全国大部分城市都有的一项特殊招生政策，各省市的重点中学每年 4 月份左右会在官方渠道公布招生简章。例如，2023 年中国人民大学附属中学科技特长生招生简章中对信息学特长的要求是：信息学奥赛获得 CSP-J 组一等奖，或者 CSP-S 组二等奖及以上或者 2023 NOI 春季测试组二等奖及以上。安徽师范大学附属中学的科技特长生报名条件为：初中阶段参加“全国青少年信息学奥林匹克联赛”或“非专业级软件能力认证”并获得一等奖及以上者或以上比赛中荣获二等奖且品学兼优者。

另外，2023 年 12 月中国科协办公厅、教育部办公厅联合发出关于开展 2024 年“中学生英才计划”工作的通知，旨在选拔一批品学兼优、学有余力的中学生走进大学，遴选学科包括数学、物理、化学、生物、计算机等，促进中学教育与大学教育相衔接，建立高校与中学联合发现和培养青少年科技创新人才的有效模式。2024 年，北京市共有 385 名来自北京 6 个区 38 所学校的初中生入选“中学生英才计划”。

## 高中升大学阶段

大学招生对在基础学科方面有特长的孩子更为青睐。大学之间争抢生源的现象非常普遍，早年在高三、高二开始抢特长生，到现在甚至从初中阶段开始给予升学优惠。参加 NOI 比赛获得前 50 名的金牌选手，可以入选国家集训队，同时还能获得北京大学和清华大学的保送名额。信息学奥赛在各级竞赛中取得的成绩，除保送机会外，还能显著提升学生在强基计划、综合评价，以及专项计划等多元录取途径中的竞争力，从而增加获得高考录取优惠的可能性。在信息学奥赛中获得奖项的学生在强基计划校测环节更有优势，特别是在 NOI 比赛中获得银牌的 150 位选手可以获得强基计划破格入围的资格。

2020 年，强基计划取代了之前的高校自主招生政策，在 39 所双一流高校进行招生改革试点，为国家选拔培养服务国家重大战略需求且综合素质优秀或基础学科拔尖的学生。从往年录取情况看，强基计划录取分普遍比统招分低 5~35 分。在信息学奥赛中获得省一（即 NOIP 一等奖或者 CSP-S 一等奖），可以报名参加清北信息营，这在强基计划选拔中也占据优势。

2023 年河北选手王 * 翔在清华信息营活动中获得了一等奖证书，并在 NOI 比赛中斩获银牌，通过这两项成绩，在 2024 年参加清华大学强基校测时获得满分。另外，在综合评价招生中，高校更倾向于招收高考成绩优异、有相关学科特长、综合素质优秀的考生。其中最受青睐的还属竞赛考生。大部分高校将省赛获奖列为了报考条件选项之一，明确规定获得相应竞赛奖项的考生可在初审或校测中有一定的优势。成绩优良、有学科竞赛省一、省二、省三奖项的农村考生报考高校专项计划具有很大优势，可冲刺 985 高校。

信息学奥赛获奖对申请国外大学也有帮助。国内的信息学奥赛获奖成绩或者参加国外的一些信息学赛事，比如美国的 USACO 获奖，在申请国外大学时都是很好的加分项。

通过参加信息学奥赛，孩子能够展示自己的全面素质和竞赛成就，助力实现更优质的升学目标。因此，我们应鼓励更多孩子积极参与信息学奥赛，为自己的未来铺设成功之路。

### 5.3.3 信息学奥赛赛事流程及参赛注意事项

这里总结一下信息学奥赛的赛事流程，具体如图 5–2 所示。

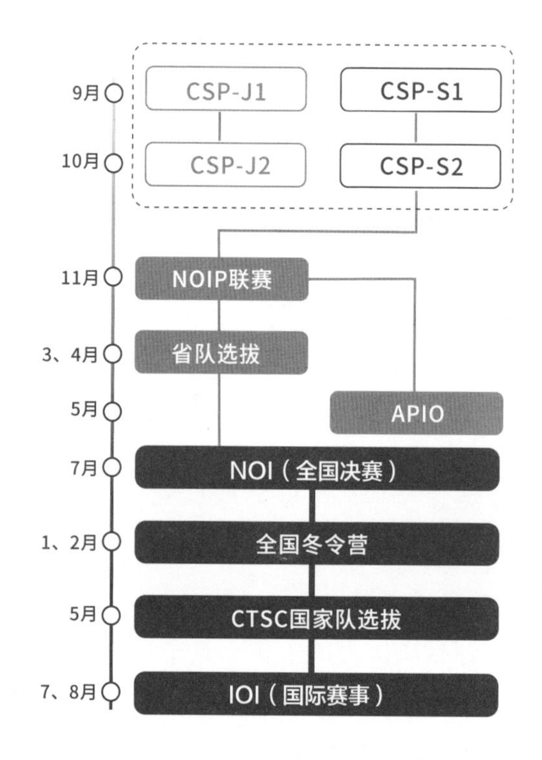


图 5–2 信息学奥赛赛事流程

参加信息学奥赛需要全面的准备和精湛的技巧。首先，坚实的基础是成功的关键。信息学奥赛主要考查数学和信息学的知识，因此，建立包括数学基本概念、算法、数据结构等在内的扎实基础至关重要。

其次，做大量的练习题不可或缺。通过解决历年真题、模拟题或相关题库中的题目，可以巩固知识，培养解题能力和思维的灵活性。

掌握解题技巧同样重要。参赛者需要熟悉并掌握一系列常见的解题方法，包括但不限于数学归纳法、递推法、贪心算法和动态规划等。这些方法能够帮助参赛者在面对各种问题时，迅速找到解题思路和策略。

此外，对于信息学奥赛，熟练的编程技能和算法设计能力同样不可或缺。参赛者需要能够灵活运用编程语言，将解题思路转化为高效的代码，同时设计出既简洁又高效的算法，以解决复杂的实际问题。

积极参与相关赛事，如校内外的数学竞赛、编程竞赛等，可以积累宝贵的竞赛经验，提升竞赛水平和应试能力。

关注题型特点，了解信息学奥赛的常见题型和考点，进行有针对性的复习和训练，以提高解题效率和准确率。

合理安排比赛时间是获胜的关键。在比赛中，应优先解决容易的问题，确保留有足够的时间处理难题，避免因时间压力而影响整体表现。

多角度思考问题，信息学奥赛的题目往往涉及多方面的知识和技能。培养从不同角度审视问题的能力，有助于找到创新的解决方案。

注意解题细节，特别是在数学题的计算和信息学题的代码编写中，细心是避免错误的关键。

在编程赛事中保持冷静，遇到难题时，不要慌张。可以尝试简化问题或分步解决，以保持清晰的思维。

最后，学会总结和反思。比赛结束后，及时总结经验教训，找出不足之处并加以改进，这是不断提高竞赛水平的重要途径。

为了在高中阶段参加信息学奥赛，初中和小学阶段的准备至关重要。以下是一些关键步骤和建议。

**打下扎实的数学基础：**在小学和初中阶段，重视数学基础知识的学习，包括数学概念、算法、数论等方面的内容。这些知识为将来参加信息学奥赛打下坚实的基础。

**学习编程基础：**在小学高年级和初中阶段，可以开始学习 C++ 编程，掌握编程语法、算法设计、数据结构等，这些技能对于参加编程竞赛至关重要。

**参加 CSP 认证：**CSP 认证是由中国计算机学会主办的非专业级别的软件能力认证。参加这样的比赛可以锻炼孩子的计算机编程能力和解决问题的能力，为将来参加信息学奥赛积累经验和技能。

**多做题：**除了参加比赛，还要积极进行题目练习，包括 CSP 的往年真题和相关的编程竞赛题目。这有助于提高解题能力和应对竞赛的水平。

**参加培训班或俱乐部：**可以参加学校或社区组织的相关培训班或编程竞赛俱乐部。通过系统的指导和交流学习，提高自己的竞赛水平。

**保持兴趣和热情：**培养对数学和计算机科学的浓厚兴趣和热情，持之以恒地学习和探索。这是成为优秀竞赛选手的重要因素之一。

通过在初中和小学阶段的努力和准备，积累足够的知识和经验，为高中阶段参加信息学奥赛奠定良好的基础，并提高在竞赛中的竞争力。

那么，什么是 CSP 呢？

## CSP-J

这里先为大家详细介绍信息学奥赛系列赛事之一：CSP-J。

CSP 入门组（CSP-J），原名 NOIP 普及组，是 NOI 系列赛事中难度最低、面向年龄最小的比赛。对于许多孩子来说，这是他们参加的第一场大型编程竞赛。

**比赛时间：**第一轮（初赛）在 9 月举行，第二轮（复赛）则在 10 月举行。

**比赛形式：**第一轮为 2 小时的笔试，第二轮为 3.5 小时的上机测试。全国统一命题，省级评奖。

参加 CSP-J 比赛的孩子，将有机会获得优惠政策。这些政策对小升初、初升高都有帮助（具体取决于地方政策）。部分知名初高中会对在 CSP-J 比赛中取得优异成绩的参赛者（通常至少获得二等奖且复赛成绩 200 分）提供录取或分班优惠政策。

以下是对 CSP-J 的详细介绍。

CSP 赛程的第一轮通常安排在 9 月的第三个周末举行。这一轮主要考查通用且实用的计算机科学知识，主要以笔试形式进行，但在部分省市，认证方式为机试。第一轮认证中成绩优异者将晋级至第二轮认证。中国计算机学会（CCF）将根据 CSP-J/S 各组的第一轮认证成绩和预设的分数线，颁发相应的认证证书。

第二轮认证通常在 10 月举行，主要内容包括程序设计，参赛者需要在计算机上完成调试。第二轮认证结束后，CCF 将根据 CSP-J/S 各组的认证成绩和预设的分数线，再次颁发认证证书。

CCF 会确定 CSP-J/S 每年第一轮和第二轮的定级分数线。各省认证组织单位可根据本省（市）的具体情况对分数线进行确定和调整，但一、二、三等奖的总比例不得超过 80%。每年我都会和乔斯的教练一起总结 CSP-J/S 各省历年的获奖和晋级分数线。

各省通过第一轮进入第二轮的人数差异较大，关键因素是各省的机器数量，晋级人数将根据机器数量最终确定。因此，在某些省份，参赛人数较少，第一轮仅需获得 20 分即可晋级（CCF 规定 2023 年 CSP 第二轮的定级分数线不得低于 20 分），而在其他省份，分数线则相对较高。

以北京为例，前几年几乎所有的参赛者都能进入第二轮，但近年来，随着参赛人数大幅增加，超过了复赛的机位数量，分数线也随之提高。2023 年 CSP-J 第一轮晋级第二轮的比例为 24.11%。

对于首次参加官方比赛的孩子来说，CSP-J 是一个理想的选择。如果孩子具备实力，能够在复赛中荣获一等奖，那么第二年就可以晋升至提高组，这也是许多信息学奥赛教练推荐的比赛路径。

CSP-J 的第二轮比赛包含 4 道题目，总时长为 3.5 小时。通常，第一道题目不涉及算法，只需掌握部分编程知识即可解答；第二道题目则考查较为简单的算法；而后续题目的难度会逐渐提升。因此，只要掌握了基本的编程语法，就可以参加比赛，并通过多次参赛不断积累经验和提高水平。

此外，比赛的结果具有很大的不确定性，这在信息学奥赛中尤为明显。由于没有过程分，也没有人工干预，所有评分都由机器自动完成，所以，即使是微小的疏忽也可能导致零分的结果。然而，这也是竞赛的魅力所在，参赛者们正是在一次次的挑战和失败中不断成长起来的。

信息学奥赛的一个显著优点是公开透明。所有参赛者的成绩都可以在

NOI 官网上查询，也可以通过第三方网站，如 OlerDb，输入选手姓名查看其所有比赛成绩。

## CSP-S

CSP 提高级（CSP-S）主要面向广泛的初高中生，也有少部分小学生参加，其难度较入门级有显著提升，相应的含金量也更高。CSP-S 的成绩是孩子参加后续 NOI 系列赛事的重要依据。

**比赛时间：**第一轮（初赛）在 9 月举行，第二轮（复赛）则在 10 月举行。

**比赛形式：**第一轮为 2 小时的笔试，第二轮为 4 小时的上机测试。全国统一命题，省级评奖。

参加 CSP-S 比赛的孩子，将有机会获得竞赛优惠。这对初升高阶段的孩子尤其有帮助。在 CSP-S 中取得优异成绩的孩子（通常要求至少获得复赛二等奖，具体分数没有明确要求）大多会被顶级高中特招。

## NOIP

全国青少年信息学奥林匹克联赛（NOIP）面向高中生群体，难度较 CSP-S 有一定提升，是绝大多数参与编程竞赛的选手能够接触到的含金量最高的赛事。尽管初中生可以参加 NOIP，但是不参与评奖。报名 NOIP 存在门槛，往往需要通过 CSP-S 第一轮，甚至是 CSP-S 第二轮得到一定的分数才有资格报名。NOIP 的成绩也是孩子参与后续的 NOI 系列赛事的重要凭证。

**比赛时间：**11 月中下旬举行。

**比赛形式：**4.5 小时的上机测试。全国统一命题，省级评奖。

**竞赛优惠：**在 NOIP 中获得一等奖将会在知名大学的少创班、综合评价测试、专项初审等环节中取得显著优势。

参赛者每年都需要从省级比赛开始，这意味着他们有机会与全国顶尖选手同场竞技。比赛结束后，参考高手的代码继续学习，这样的资源共享和学习机会对所有参赛者来说都是极大的锻炼。

清华大学自 2017 年起，每年举办信息学冬令营 THUWC，其选拔依据就是 NOIP 的成绩。

北京大学自 2018 年开始，每年也举办信息学冬令营。在某年的 NOIP 中，满分选手直接获得了北京大学的一本签约。参与竞赛的选手在发展兴趣的同时，也可能获得意想不到的升学优惠。

## NOI 省队选拔

NOI 省队选拔是主线赛事中最激烈的一环，旨在选拔出有资格以正式选手身份参加 NOI 的选手，即国家级竞赛的选手。各省的省队名额数量不同，通常在 5~15 个，部分省份的省队名额是省赛一等奖名额的十分之一。

NOI 省选由各省组织单位负责，各省需自行选拔参加 NOI 2024 的选手，CCF 不再组织 NOI 2024 统一省选。各省省选方案需经省竞赛委员会和技术委员会讨论通过，并报 CCF 审查，审查通过后公布给全体选手和学校，并实施。

目前，多数省份（如北京、上海等）仍选择多省联合省选的方式，但也有部分省份（如陕西等）采用省内自主命题的方式。省选时间定在 1 月至 4 月，比赛为期两天，每天进行 3 题、4.5 小时的上机测试。

以下是对 NOI 省队选拔的具体介绍。

每年国内最高级别的信息学奥赛 NOI 是线下比赛，全国各地的孩子齐聚一堂。由于场地和设备的限制，每个省份都设有名额限制。类似于全运会，为了平衡各地区的实力，实力较强的省份相对获得更多的名额。

信息学 NOI 省队名额的分类较为复杂，每年也会有变化。最新的规则将名额分为 A、B、C、D、E 五种类型。

A 类和 B 类选手的名额每年在 CCF 官网上公布，每个省份的 A+B 类名额最多共 17 人。通常，像浙江省、广东省、江苏省这样的强省名额较多，北京市的名额一般在 11~14 人。

C 类名额是针对重大贡献的奖励名额，当年、前一年、后一年 NOI 承办单位分别奖励名额 7、2、2 名；其他重大贡献奖励名额不超过 10 名。

D 类名额每年都会不同，根据场地和报名情况确定。北京市前几年参与竞赛的人数较少，报名人数也不多，因此竞赛并不激烈。但最近几年，随着人数的增加，竞争相对变得更加激烈，北京市 D 类每年约有 10 多个名额。

E 类是新兴的类型，专门为初中生设立。

对于初中生而言，最初信息学奥赛没有限制，与高中生享有同等待遇。因此，有的孩子从初中二年级开始连续 4 年都进入了国家集训队。然而，自 2020 年之后，初中生被限制不允许进入国家集训队。

从 2020 年开始，整体排名在省队 A+B 名额之内的初中生可以作为夏令营选手参加 NOI，而其名额顺延给后面的高中生。这些初中生即为 E 类选手，他们不能参与评奖。

编程竞赛的规则很复杂，许多人在初次接触时可能会感到困惑。因此，我将对规则进行一个总结。

A、B、C 类选手都属于正式选手，他们都有资格参与金银铜牌的评选，以及国家集训队的选拔。D、E 类选手则是夏令营选手，无论成绩如何，他们都不能参与评奖，也没有资格进入国家集训队或获得保送资格，但他们可以获得成绩证明。尽管如此，有资格参加 NOI 的选手仍应努力争取，因为某些高校可能会承认 D 类选手的成绩。

每个省份的 A 类和 B 类选手必须通过省队选拔来确定，这需要参加单独的选拔考试。每个省份的省队选拔总成绩计算规则可能会有所不同。中国计算机学会（CCF）会对选拔计算规则提供指导性建议，供各省参考，并要求各省在每年省队选拔前制定具体的选拔计算规则。

目前使用的指导意见已发布于 2023 年，内容如下：

NOI 2023 省队选拔总成绩（A+B）的标准分由两部分组成：NOIP 2022（A）成绩（对于未举办 NOIP 2022 的省份，则使用春季测试成绩）和 NOI 2023 统一省选（B）成绩。NOIP 2022 成绩（或春季测试成绩）在省队选拔总成绩（A+B）标准分中所占的比例最低为 30%，最高不超过 60%，具体比例由各省自行确定。

## NOI

NOI，即全国青少年信息学奥林匹克竞赛，是众多选手梦寐以求的终极舞台。在这里，来自全国各地的选手将进行最后的角逐。每年，只有两三百人有机会站在 NOI 的赛场上。

NOI 的获奖率高达 85%，其中前 50 名将荣获金牌，并进入国家集训队，同时获得保送清华或北大的资格；第 51~200 名将获得银牌，在清华大学、北京大学等顶级名校的强基计划校测中享有显著优势。

**比赛时间：**7 月下旬举行。

**比赛形式：**为期两天，每天进行 5 小时的上机测试。

参加 NOI 竞赛的优惠非常诱人，包括保送清华大学、北京大学，或在强基计划校测中获得显著优惠。

NOI 是国内信息学的顶级赛事，全称是全国青少年信息学奥林匹克竞赛。在强省如浙江省、江苏省等地，进入省队的竞争非常激烈，稍有不慎就可能止步于省选或 NOIP。因此，在强省中，最难的是进入省队。

NOI 不仅有个人排名，还有团体排名，一般评出前 8 名。团体计分是看 A 队的 5 名成员的成绩，由于 A 队必须有一名女生，女生的成绩往往非常关键。

关于 NOI 的所有信息，都可以通过官网或各种竞赛群来获得。

2024 年，NOI 共有来自全国 32 个省、自治区、直辖市的师生参加。经过两场测试，最终产生金牌 50 枚、银牌 150 枚、铜牌 73 枚。其中，张定江（重庆市第八中学）获得金牌第一名，宋浩然（四川省成都市第七中学）和刘恒熙（宁波市镇海中学）分别获得金牌第二名和第三名。根据 NOI 规则，NOI 2024 金牌获得者中，排在前 50 名的选手将进入 IOI 2025 中国国家集训队进行统一训练，并从中选拔出 4 名选手代表中国参加 IOI 2025。

2024 年在 39 位正式参赛的女性选手中，张语恬（四川省成都市第七中学）获 NOI 2024 最佳女选手。浙江队获得 NOI 2024 团体总分第一名，团体总分第二至第八名依次是：四川队、北京队、广东队、湖南队、重庆队、上海队和福建队。

NOI 是国内最高水平的编程竞赛，能够与当年顶尖水平的同学同场竞技，是一次非常宝贵的机会。

NOI 最重要的环节是选拔出 50 人的国家集训队，这些选手将直接获得保送资格，无须参加高考。保送资格对于个人来说，将在本人正常高考的年份生效。

在竞赛中，A、B、C 类选手属于正式选手，参加决赛后有权获得各类奖项，并有机会进入国家集训队。A 类选手在最后总成绩上有 5 分的加分优势。

D 类选手虽然不能参与评奖，但可以获得成绩证明。由于信息学奥赛的公正和透明，有些高校认可 D 类选手的成绩，可能会给予与正式选手类似的待遇。因此，如果有机会成为 D 类选手，仍应尽力争取，因为国赛的经历对每位选手都极为宝贵。

E 类选手是达到省队分数线的初中生。省队分数线的设定较为特别，先不考虑年级排名，而是按省队名额划出分数线。如果分数线内有初中生，这些选手不占用名额，成为 E 类选手，名额则顺延给后面的高中生。

因此，可能会出现这样的情况：尽管初中生的分数较高，但由于名额限制，他们可能无法参加 NOI，而分数较低的高中生却进入了省队。例如 2021 年的上海队就因为省队名额只有 9 个而出现了这种情况。

中国人民大学附属中学的 ZSY 同学是目前获得 NOI 金牌及进入国家集训队次数最多的选手。他从 2013 年初中二年级开始，连续 4 年进入国家集训队，创造了历史纪录。表 5-1 是 ZSY 同学参加信息学奥赛的成绩记录。

表 5-1　目前 ZSY 同学参加信息学奥赛的成绩记录

| 获奖 | 分数 | 选手排名 | 就读学校 | 年级 |
| --- | --- | --- | --- | --- |
| NOIP 2016 提高一等奖 | 560 | 65 | 中国人民大学附属中学 | 高三 |
| NOI 2016 金牌 | 556 | 17 | 中国人民大学附属中学 | 高二 |
| NOIP 2015 提高一等奖 | 565 | 78 | 中国人民大学附属中学 | 高二 |
| NOI 2015 金牌 | 639 | 10 | 中国人民大学附属中学 | 高一 |
| CTSC 2015 金牌 | —— | 5 | 中国人民大学附属中学 | 高一 |
| WC 2015 金牌 | —— | 5 | 中国人民大学附属中学 | 高一 |
| NOIP 2014 提高一等奖 | 525 | 213 | 中国人民大学附属中学 | 高一 |
| NOI 2014 金牌 | 520 | 53 | 中国人民大学附属中学 | 初三 |
| CTSC 2014 铜牌 | 139 | 66 | 中国人民大学附属中学 | 初三 |
| APIO 2014 金牌 | 244 | 7 | 中国人民大学附属中学 | 初三 |
| NOIP 2013 提高一等奖 | 600 | 1 | 中国人民大学附属中学 | 初三 |
| NOI 2013 金牌 | 494 | 6 | 中国人民大学附属中学 | 初二 |
| APIO 2013 银牌 | 96 | 36 | 中国人民大学附属中学 | 初二 |
| NOIP 2012 提高一等奖 | 420 | 256 | 中国人民大学附属中学 | 初二 |

自 2015 年起，信息学奥赛出台了新规定，只有高一或高二的选手才有资格进入国家集训队。如果选手是初中生，那么他即使获得金牌，也不能进入国家集训队或获得保送资格。

每一年的 NOI 都会有几位初中生超过国家集训队的分数线。他们通常会在后续几年中表现优异，并在高中阶段进入国家集训队，有些甚至还会进入国家队。

除了获得保送资格，其他选手根据不同的成绩，也会获得高校在升学方面的各种优惠条件。

北京市的选手在国赛中的水平整体呈上升趋势。每年团体排名的主要影响因素通常是A队女生的成绩。据参赛者透露，获得优秀团体名次的关键往往在于女生的表现较强。

各省之间的差距也在逐渐缩小。这主要是因为最近几年信息学强校之间、选手之间的交流增多，线上资源丰富，使得地域不再是限制选手发展的主要因素。

## NOIWC

每年的寒假，中国计算机学会（CCF）都会举行为期一周的冬令营活动（NOIWC），由国家集训队选手和金牌教练为参与者提供知识点讲解。此外，这也是一次与全国各地的选手同台竞技的机会，比赛难度相当高，具有一定的含金量。

**比赛时间：**1月举行。

**比赛形式：**5小时的上机测试，全国统一命题并划线。

参加竞赛的优惠包括对初升高以及大学的少年班、综合评价测试有显著帮助。

下面是官方的报道：

第41届全国青少年信息学奥林匹克冬令营于2024年1月29日至2024年2月5日在重庆举行。中国计算机学会公布了NOI 2024冬令营的获奖名单，其中金牌获得者为79人，银牌获得者为100人，铜牌获得者为

167 人。

## 国家队选拔

选拔国际信息学奥林匹克（IOI）中国代表队选手的竞赛，通常被称为选拔赛。IOI 的选手是从通过 NOI 进入国家集训队（前 50 名）的选手中选拔出来的，前 4 名的优胜者将代表中国参加国际竞赛。选拔科目包括 NOI 成绩、冬令营成绩、论文和答辩、平时作业、选拔赛成绩、口试等，这些项目通过加权计算产生最终成绩。

在 2019 年及以前，国家队选拔一般安排在 5 月，地点基本在北京市，与另一个比赛 APIO 在同一时间段举行，这也算是编程竞赛选手们在春天里的另一个大型聚会。在互联网上可以找到许多选手对这两场比赛的游记。

从 2020 年开始，国家队选拔被调整至与 NOI 冬令营同步举行。

整个编程竞赛选拔过程是选手们互相切磋、不断追求卓越的过程。

## IOI

NOI 将选拔全国顶尖的 50 名选手进入国家集训队。经过数个月的集中培训和考核，最优秀的 4 名选手将代表中国参加代表全球最高水平的国际信息学奥林匹克竞赛（IOI）。能够入选国家队，意味着这些选手是当年全国最优秀的 4 名选手，他们的实力足以在国际舞台上为国争光。

在 IOI 中获得过奖牌的选手，只要自己愿意，几乎可以任选全球顶尖的高校。这显示了他们在信息学领域的卓越才能和在国际舞台上的杰出表现。

## 5.3.4 信息学奥赛学习路线

### 市赛阶段

各个城市会定期举办本市的编程竞赛，例如，北京市的每个区都会举办此类竞赛。从 2024 年开始，北京市也开始举办自己的 BCSP-X 比赛了。这些竞赛通常需要参赛者掌握 C++ 程序设计语言，包括基本的语法和编程技巧。此外，还需要学习一些简单的算法，例如模拟和排序算法，以及一些基础的数据结构，如数组。通过参加这些竞赛，孩子可以提高自己的编程能力和解决问题的技巧。

### 普及阶段

普及阶段的比赛标志着竞赛难度的提升。在这个阶段，学习的内容涵盖了数据结构和更复杂的算法，包括模拟、排序、递归、二分查找、图论和动态规划等。完成这些学习内容后，选手的水平大致相当于大学本科计算机相关专业大二学生的水平。

此外，各地重点高中通常会有相关的科技特长生招生政策，这些政策往往会对在编程竞赛中取得优异成绩的孩子给予优惠。因此，这些竞赛对于希望进入重点高中的孩子来说，是一个很好的机会。

### 提高阶段

提高阶段的比赛包括 CSP-S 和 NOIP 比赛，主要参赛年级分布在初二到高二之间。在这个阶段，选手需要掌握更高级的算法和数据结构，如图论、

动态规划算法、数论、字符串算法等。获得提高组一等奖的选手，其计算机算法水平已经达到全省前百名的行列。

在初中阶段获得 CSP-S 提高组成绩，比如二等奖及以上，有机会获得科技特长生的特殊招生优惠。获得 CSP-S 一等奖的选手有资格参加 NOIP，即信息学奥赛省联赛，在 NOIP 比赛获奖对于初中升高中，以及高中升大学都有一定的助力作用，成绩优异者通过省选还有机会代表所在省参加国赛。

### 省选、国赛阶段

在编程竞赛中，全省排名靠前的同学通常会被选入省集训队，这是为了选拔参加国赛和冬令营的选手。国赛金牌的获得者通常可以获得保送至清华大学、北京大学等知名大学的资格。此外，这些选手还有机会代表国家参加世界级的竞赛，如国际信息学奥林匹克竞赛（IOI）。这些机会为选手提供了继续深造的平台。

## 5.3.5 如何判断孩子是否适合参加信息学奥赛

孩子适不适合参加信息学奥赛，如何判断呢？这是即将学编程的高年级段孩子家庭非常关心的问题。重点可从以下几个方面判断。

**理解能力很重要。**家长可观察孩子学习陌生知识的理解能力，孩子学习新知识的时候理解得越快，就越适合参加信息学奥赛。

**数学基础要扎实。**因为信息学奥赛要求孩子具备较强的逻辑思维能力，能够分析问题并设计算法、编写代码来解决问题。数学学得越轻松就越适合参加信息学奥赛。数学基础很有用，但不一定需要奥数经历。有些国家集训队的孩子，以前没有学过奥数，但是学习数学时特别轻松，当他们接触信息学的时候，能很快学进去。

**兴趣是坚持的动力**。兴趣是坚持的动力。兴趣是最好的老师，有了兴趣，孩子会自己探索、寻求答案，遇到不会的内容会主动想办法求助。兴趣能够帮助孩子在遇到困难时努力克服，不轻易放弃。如果孩子觉得学习编程没有意思了，学不下去，那么也不必强求，可以把精力和时间放到其他更感兴趣的方向，发挥自己的长处。

**意志力不可缺**。孩子要能吃苦，有的毅力，有的比赛要求 4.5 小时都在编程，一定要能坐得下来。

**时间管理能力很重要**。参加信息学奥赛需要投入大量的时间和精力，孩子需要具备良好的时间管理能力，能够合理安排学习和其他活动的时间。

**竞赛经验和心态也很重要**。有过竞赛经验的孩子可能更容易适应信息学奥赛的紧张氛围和竞争压力。同时，孩子需要具备良好的竞赛心态，能够在压力下保持冷静和发挥出自己的水平。

以上提到的因素只是参考，每个孩子都是独特的，不能仅仅根据这些因素来判断孩子是否适合参加信息学奥赛。家长和老师应该通过观察孩子的兴趣爱好、学习能力和表现，与孩子进行沟通，了解他们的想法和意愿，从而做出更准确的判断。

此外，孩子可以通过参加一些信息学奥赛的入门课程、实践项目或参加相关的竞赛活动，进一步了解自己是否适合学习信息学奥赛。在学习过程中，孩子也可以根据自己的实际情况进行调整和选择，找到最适合自己的学习方向和发展道路。

# 5.4　赛事规划和获奖目标

## 5.4.1　赛事规划

在学习编程的过程中，选择合适的编程语言和参加的赛事需要根据孩子的年龄和学习阶段来定制。由于全国各地在编程赛事竞争强度上存在差异，没有一个统一的赛事目标规划适用于所有地区和所有孩子。以下是一个参考规划，家长在给孩子做赛事规划时，应考虑孩子个体差异和地区实际情况进行调整。

**小学一到二年级：**重点学习 Scratch。Scratch 是一种图形化编程语言，通过拖放和组合积木块来编写程序，非常适合年幼孩子学习和理解编程的基本概念。此阶段可以尝试等级考试和白名单竞赛，以验证学习效果。

**小学三到四年级：**重点学习 Python。Python 是一种易于学习且功能强大的编程语言，语法清晰、简洁，非常适合初学者。学习 Python 也可以为将来学习 C++ 打下基础，两者底层逻辑相似。此阶段可以参加等级考试和白名单赛事，积累比赛经验。

**小学五年级到初一年级：**重点学习 C++。C++ 是国内信息学奥赛唯一指定的参赛语言。如果孩子有足够的学习能力和升学目标，可以在这一阶段重点学习 C++ 语言和 CSP 入门相对应的知识，并进行相应训练。从五年级开始学习，经过 1~2 次 CSP-J 比赛，在初一年级争取获得 CSP-J 二等奖及以上成绩。

**初二年级到高二年级：**获得 CSP-J 一等奖后，可以开始学习 CSP-S 提高组的知识，并进行相应训练。通过 1~2 次 CSP-S 比赛，在初三争取获得 CSP-S 二等奖及以上成绩。获得 CSP-S 提高组一等奖或同等能力的孩子，可以参加 NOIP 省联赛。在高三之前获得 NOIP 省赛一等奖，可以继续参与省选，有机会入选省队参加 NOI 国赛。如果能在国赛中获得奖项，将受到国内一流大学的青睐。大部分信息学奥赛选手都止步于 NOIP 省赛一等奖，不过这已经是一个含金量很高的成绩。

竞赛具有选拔性质，成绩的起伏是正常的。竞赛过程中会不断遇到困难，但也激发孩子的潜能，挑战新高度。即使竞赛中没有取得理想成绩，培养的学习能力、抗压能力和眼界对孩子未来的生活和职场也将大有裨益。

## 5.4.2 参赛时间规划

学习信息学奥赛需要合理地规划时间。以下是我基于自己教学经验提出的一些规划建议。

**小学阶段：**一周 2 小时的学习时间就足够了，不应给孩子过大的负担。如果孩子非常热爱编程，可以适当增加到 4 小时。极少数孩子可能需要每天 1 小时，以锻炼他们的毅力。

**初中阶段：**如果孩子希望往信息学方面发展，建议每周练习 5 小时。考虑到初中作业较多，可以在周末参加竞赛辅导，并保证每周的训练量。

**NOIP 联赛：**对于希望在 NOIP 联赛中取得好成绩的孩子，每周需要训练 10 小时。联赛难度较大，寒暑假也需要进行集训，每周六日需要额外训练 8 小时。

**参加省队选拔的孩子：**每周需要投入 20 小时的时间，包括寒暑假的训练。我们要求孩子每周至少 1~2 天下午完全脱产，专注于竞赛培训。

**参加全国赛的孩子：**每周需要投入 30 多个小时，包括寒暑假的训练。每周需要 2~3 天全天脱产训练，以确保训练水平。

这些时间规划考虑到了孩子不同阶段的学习能力和竞赛难度，同时也考虑到了孩子的其他学业和生活需求。家长和教师应根据孩子的实际情况进行调整，确保孩子能够在信息学奥赛的道路上取得成功。

看到这里，您可能会觉得信息学奥赛的训练时间较长。然而，信息学奥赛实际上是一项性价比非常高的赛事，尤其适合学有余力的孩子，原因如下。

**长期学习机会：**编程竞赛是五大学科竞赛中唯一可以从小学开始参加的竞赛。这为孩子提供了更多的学习时间和实战机会，有助于为后续更高阶的竞赛打下坚实的基础。在小学阶段获得 CSP-J 第二轮认证一等奖，在初中阶段获得 CSP-S 第二轮认证一等奖，都是非常宝贵的成绩。

**无报名门槛：**信息学入门赛事 CSP-J 和 CSP-S 不限制学校和年级，任何人都可以报名参加第一轮认证。通过第一轮认证后，就可以参加第二轮认证了。

**竞争压力较小：**编程竞赛与其他竞赛相比，竞争压力较小，脱颖而出的概率更大。由于信息学在国内还是新兴科目，很多家长对小孩子学习编程的认识不足，因此参赛人数相对较少，这减少了同类竞争。全国每年参加编程竞赛的人数大约在 10 万，而数学竞赛的人数则在 100 万以上。然而，在总获奖人数上，信息学奥赛却超过了数学竞赛。在某些省份，每年参加信息学奥赛的人数不足 1000 人，基本上参赛就能晋级，这使得信息学奥赛处在相对有红利的阶段。

**对未来竞赛和职业的帮助：**从小学习编程并参加中小学编程竞赛的孩子，在大学生计算机竞赛 ACM 中往往表现更佳。ACM 竞赛在互联网行业中认可度较高，是简历中的重要学习经历，有助于争取与编程相关的工作机会。

编程竞赛的晋级路线是循序渐进的，每个阶段都有其不可忽视的作用。

## 5.5 其他比赛

### 国内外知名（官方）比赛

**比赛特点：**国内外组织的线上线下比赛，题目质量高，比赛数量多，常年举办。

**推荐原因：**国内外的在线编程竞赛凭借多年的优秀口碑，吸引了众多世界顶尖的编程竞赛选手（OIer）参与。这些比赛不仅为参赛者提供了一个提升编程技能和解决问题能力的平台，还有助于他们与全球优秀选手交流学习，从而不断提高自己的水平。因此我建议大家可以积极参与这些比赛。

**推荐指数：**四星半。

国内外知名（官方）比赛如下所示。

◎ 美国计算机奥林匹克竞赛（USA Computing Olympiad，USACO）。

◎ 加拿大计算机竞赛（Canadian Computing Competition，CCC）。

◎ 俄罗斯 Codeforces。

◎ 印度 Codechef。

◎ 日本 AtCoder。

◎ 中国集训队选手在线评测 UOJ。

这些比赛都是编程竞赛领域内的知名赛事，它们的特点是题目质量高、参与人数多且常年举办。参与这些高水准的国际比赛对于选手的成长和提升至关重要。它们不仅能够提供一个展示个人才能的平台，还能让选手们在与世界各地优秀对手的交流和竞争中，发现自己的不足，学习新的思路和技术。此外，这些经历还能增强选手们的自信心，激发他们追求更高目标的动力。因此，无论是为了个人技能的提升，还是为了未来在国际舞台上的发展，参加这些比赛都是非常有意义的选择。

这里再详细介绍下 USACO（美国计算机奥林匹克竞赛）。USACO 是美国官方举办的中学生计算机编程与算法线上比赛，首次于 1992 年举办，专门为信息学奥林匹克竞赛选手准备。它是美国中学生的官方竞赛，为每年夏季举办的国际信息学奥林匹克竞赛（IOI）选拔美国国家队队员，是美国中学生计算机编程领域的知名赛事。

**赛制：**

◎ 积分赛制，分为月赛和公开赛。

◎ 每年有 3 次月赛，分别在 12 月、1 月、2 月。

◎ 3 月组织一次 USACO Open（公开赛）。

◎ 5~6 月组织美国国家队集训，选拔 IOI 美国国家队队员（4 人），要求成员是美国籍。

**难度级别：**

◎ 分为青铜级别、白银级别、黄金级别、铂金级别。

◎ 所有参与者都要经过一轮轮的不同等级比赛慢慢晋级。

**青铜级别：**

◎ 参赛资格，一进入 USACO 官网注册账号即达到青铜级别。

◎ 难度等级，基本编程常识，至少会一种编程语言。

◎ 编程限制时间比较充裕，大部分选手都能在初次参赛时晋级白银级别。

白银级别：

◎ 参赛资格，通过青铜级别比赛的选手。

◎ 难度等级，基本的问题解决能力和简单算法（例如贪心算法、递归搜索等），还需要了解基础数据结构。

黄金级别：

◎ 参赛资格，通过白银级别比赛的选手。

◎ 难度等级，有一定的算法基础，理解一些抽象的方法（例如最短路径动态规划），并且对数据结构有比较深入的了解。

铂金级别：

◎ 参赛资格，通过黄金级别比赛的选手。

◎ 难度等级，有很高的编程基础，对算法有深入的了解。部分比赛问题最后的优化方案可能不止一个，得出的答案也不止一个。

**比赛用时：**每场比赛 4 小时。在比赛规定时间开始后登录 USACO 账号，在线打开试题后开始计时。

**比赛形式：**选手需要在比赛时间结束前通过网络将写好的程序提交。程序提交后官网会给出用测试用例检测程序的结果，根据结果给出这一题的得分。可以使用 C++、Java、Python、Pascal 和 C 中的任意一种编程语言。

**晋级机制：**每次比赛，实力强的选手有机会连续升级。

在比赛窗口开放的 3 天时间内，选手可以选择任意时间开始比赛。在比赛开始后的 4 小时内，如果拿到了高分（接近满分或满分），系统就会提示直接晋级，可以在这 3 天内继续挑战下一级。只要实力够强，一场考试就可以升到铂金级别。

没能拿到满分的选手需要等到 3 天的赛程结束后，等待晋级分数线，才能决定是否晋级。如果成功晋级，那么可以在一个月后的第二场考试中继续参赛。

**难度等级与国内竞赛类比：**

◎ 青铜级别类比于 CSP-入门级。

◎ 白银级别类比于 CSP- 提高级。

◎ 黄金级别类比于 NOIP。

◎ 铂金级别类比于 NOI。

**难度等级与美国数学竞赛类比：**

◎ 青铜级别类比于 AMC10/AMC12。

◎ 白银级别类比于 AIME。

◎ 黄金级别类比于 USAJMO。

◎ 铂金级别类比于 USAMO。

USACO 的题目质量很高，提供中文题目，赛后有排名和题解。中国的孩子可以参加全部月赛和公开赛。推荐参加！

## 国内外知名机构和学校组织的比赛

**比赛特点：**企业和高校组织的线上线下比赛，有些比赛每年常规举办，类型为个人赛或团体赛。

推荐原因：国内外企业或联合高校举办的比赛，奖品丰厚，顶级选手也会参与，建议参加。

推荐指数：四颗星。

国内外知名机构举办的比赛如下：

◎ 美国谷歌 Google Code Jam。

◎ 美国 Facebook Hacker Cup。

◎ 美国 Topcoder TCO。

◎ 百度之星。

◎ 美团 CodeM。

◎ 阿里云超级码力。

◎ 清华算协 Code+ 编程大赛。

◎ “美团杯”程序设计挑战赛。

◎ 小米 ICPC 邀请赛。

◎ 字节跳动 ByteDance 冬令营。

◎ 清华大学学生程序设计竞赛暨高校邀请赛 THUPC。

这些比赛通常由知名企业和顶尖高校联合举办，往往具有很高的权威性和认可度，这不仅保证了比赛的专业性和公正性，也使得获奖者的成就更受业界重视。除了奖金、奖杯和证书等物质奖励，一些比赛还可能提供实习机会、研究资助或与行业领袖的交流机会。这些都是对选手未来职业发展非常有利的资源。因此，无论是从技能提升、职业发展还是个人成长的角度来看，参加这些比赛都是非常值得的。

# 第 6 章
# 孩子学习路径分享

写到这里，我必须坦承，我的内心充满了激动、感动、欣慰和骄傲。激动，是因为我见证了越来越多的孩子凭借科技特长迈进了他们梦寐以求的学校，开启了梦想的征程；感动，是因为孩子们在科技领域的执着追求和不懈努力，他们的热情与专注让人动容；欣慰，是因为科技特长赋予了孩子们更多的可能性，让他们在竞争中脱颖而出；骄傲，是因为作为一家编程教育公司的创始人，我为孩子们搭建了通往成功的桥梁。

在我投身编程教育的这段时光里，被提及最多的，也是家长期望最多的，当属科技特长生。我也反复强调，编程不仅能够培养兴趣，还能够助力升学。而要实现升学，就需要通过编程取得相应的成绩，比如获得 CSP 奖项。

历经多年的编程赛事锤炼打磨，我创办的乔斯培养出了一批又一批的科技特长生。这些出类拔萃的学员接连迈入了自己心心念念的校园，心满意足地达成了自身的梦想。

于乔斯而言，我们深刻明白科技特长对于孩子们至关重要。它不单单是一项技能，更是思维模式和创造力的精彩展现。

## 6.1 案例分享

在我们的编程教育中，许多孩子的学习历程都令人难以忘怀。

### 河北王同学的逆袭之路

在河北省石家庄的一所中学，一个孩子踏上了一段独特而精彩的学习之旅。起初，他因对游戏的热爱而偶然接触信息学奥赛，没想到这次邂逅竟成为他命运的转折点。

起初，他凭借热情和好奇心，在信息学奥赛的知识海洋中独自探索。无数个日夜，当同学们在休息和娱乐时，他却坐在书桌前，面对复杂的代码和难题，坚持不懈，毫无退缩。凭借惊人的毅力和坚持，他通过自学获得了普及组一等奖，初步展现了他的天赋和潜力。

然而，他并未止步于此。为了更深入地探索信息学奥赛的奥妙，他决定接受系统学习。在这个过程中，他遇到了更多的挑战和困难。那些晦涩难懂的算法和繁琐的逻辑推理曾让他多次感到挫败，但他从未放弃。一次又一次地跌倒，一次又一次地爬起，他凭借坚定的信念和顽强的毅力，不断攻克难关，相继获得了提高组一等奖和 NOIP 一等奖，出色的成绩使他成功入选河北省省队。

2023 年，他参加了清华大学计算机系组织的大中衔接营。在备战期间，他每天早起晚睡，不断优化方案，反复演练。在比赛中，面对来自全国的优秀学子，他沉着冷静，发挥出最佳水平，最终荣获一等奖。同年 7 月，他参加了全国信息学奥林匹克竞赛（NOI）。在那场激烈的角逐中，面对巨大的压力，他始终咬牙坚持，凭借扎实的功底和坚韧的意志，勇夺银牌。

2024 年，面对高考的挑战，他毅然申请了清华大学强基计划。凭借着国赛银牌和清华信息营一等奖证书，他得以豁免清华大学强基计划复试，获得了清华大学强基校测满分 15 分。

在他的学习过程中，兴趣点燃了梦想的火花，而毅力和坚持则是他通往成功的桥梁。他用不懈的努力和对知识的执着追求，书写了属于自己的辉煌篇章。

## 北京席同学的创新与实践

席同学，来自北京市海淀区，自三年级起便开始了编程学习之旅。起初，她通过图形化编程踏出了第一步，从此对计算机科学产生了浓厚兴趣。四年级时，她勇敢地挑战了 Python 编程，展现了她的学习决心与才华。到了五年级，她更是迈向新高度，开始学习 C++，在此过程中不断挑战自我，深入探索编程领域。

在学习过程中，席同学不仅通过了图形化编程等级考试，还荣获多项重要赛事奖项。她在蓝桥杯竞赛中荣获 Scratch 组 Top1 和全国一等奖，展现了图形化编程方面的卓越才能。在算法编程设计专项赛中，她以 Python 小学组身份荣获一等奖。更引人注目的是，她在 2022—2023 学年全国中小学信息技术创新与实践大赛小学高年级组中摘得一等奖，彰显了她在创新和实践方面的才能。

2022 年 1 月，席同学开始学习 C++ 编程语言，并在同年 9 月参加了 CSP-J 竞赛，获得二等奖。进入北京大学附属中学后，她的编程才华得到更多发挥的空间。初中一年级时，她再次参加 CSP-J 竞赛，荣获一等奖，并成功加入该校信息学奥赛校队。至今，她仍在信息学奥赛学习中不断探索与进步。

值得一提的是，和席同学一同加入北大附中校队的孩子中，还有两位同学——李同学和张同学也都是从小在乔斯接受信息学培训的优秀学子。

席同学的故事不仅展现了一段编程学习之旅，更是关于勇气、热情和坚持的故事。她的每一次挑战和成功都在证明，只要有梦想和努力，就能超越自我，创造属于自己的辉煌未来。

## 北京张同学的坚持与激情

张同学自二年级起便勇敢地踏上了编程学习之旅。起初，他开始学习图形化编程。在这段早期的学习过程中，他表现出了极大的兴趣和坚韧不拔的毅力。经过大约 9 个月的努力，他成功地掌握了基础知识。

到了暑假，为了将所学知识付诸实践，他决定制作一款经典游戏——《坦克大战》。在这个过程中，他遭遇了诸多难题，比如如何实现坦克的灵活移动、如何设计敌方坦克的智能行为等。但张同学并未因此气馁，坚持不懈地探索创新解决方案，不断地修改代码并测试效果。他常常在计算机前一坐就是几个小时，展现了极大的专注和耐心。

家长给予了他极大的支持，为他提供了安静舒适的学习环境，在他遇到挫折想要放弃时，给予温暖的鼓励并耐心开导。他的教练也发挥了重要作用，不仅帮助他梳理思路、解决复杂的技术难题，还不断鼓励他勇敢尝试新的想法，指导他如何提升作品的创意和技术实现。

在经过超过 100 小时的不懈努力后，张同学终于成功制作出了《坦克大战》。张同学将作品提交至全国创意编程大赛，最终荣获一等奖。这一荣誉不仅彰显了他在编程领域的横溢才华，也体现了他整体思考、设计和调试解决问题的成熟能力。这段经历不仅让他熟练掌握了编程技能，更培养了他面对复杂问题时的自信和果断决策能力。张同学将继续在编程领域无畏探索、不断进步。

## 江苏李同学的激情与毅力

李同学，来自江苏省苏州市，自小学三年级起便开始了编程学习之旅。起初，他通过图形化启蒙课程探索了计算机科学的基础。随着时间的推移，他在四年级迈入了 Python 编程的门槛，开始了更深入的学习和实践。到了五年级下学期，他勇敢地投向了 C++ 编程语言的学习，开启了全新的挑战和探索。

在学习过程中，李同学不仅在课堂上学习理论知识，更在编程竞赛中展示自己的才华和技能。他荣获了蓝桥杯国赛的一等奖和 NOC 国赛的一等奖，这些荣誉不仅展示了他的编程水平，也为他未来的学术道路打开了新的大门。

凭借这些编程竞赛的证书，李同学成功进入了苏州市立达中学的重点班。这段经历不仅是他编程技能的见证，更是他坚持不懈、追求卓越的体现。他的编程之路不仅带给他技术上的成就，更培养了他解决问题、团队合作和创新思维的能力。

### 北京陈同学的成长与挑战

陈同学自小学一年级起便开启了对编程奇妙世界的探索之旅。最初，他通过图形化编程激发了对计算机科学的浓厚兴趣。三年级时，陈同学毅然转向学习 C++。面对这门更深入且更具挑战性的编程语言，他展现出了强烈的求知欲和学习能力。在学习过程中，他就像一个不知疲倦的探索者在钻研难题，对于遇到的难题，总是试图从不同角度去寻找解决方案。例如，在学习数组和指针等概念时，他会主动搜集相关资料，深入理解其底层原理。为了更透彻地掌握某个算法，他常常会花费大量时间进行反复推导和实践。

凭借着这份执着和努力，陈同学在编程领域屡获殊荣。他先是在蓝桥杯北京市赛事中脱颖而出，荣获一等奖，充分展示了他在图形化编程领域的独特才华。接着，在 CSP-J 竞赛中，他连续三年取得优异成绩，分别获得二等奖、一等奖，最后更是以满分的佳绩惊艳众人。这些荣誉不仅是他编程技能的有力证明，更是他对学术挑战不懈追求的有力见证。

陈同学以卓越的信息学奥赛成绩获得北京市十一学校的破格录取机会，这无疑彰显了他在编程领域的巨大潜力和优秀学术水平。初中二年级时，他再度在 CSP-S 竞赛中斩获一等奖，并成功进入北京市省队选拔阶段。这一系列成果，既体现了他个人的勤奋和才华，也彰显了他在团队合作和竞技精神方面的出众潜质。在日常的学习和竞赛准备中，陈同学总是积极与队友交流想法，善于倾听他人的意见，同时也能充分发挥自己的优势，带领团队共同攻克难题。

陈同学的学习故事充满了挑战与成长。他凭借不断的努力和对编程的热爱，持续突破自我，勇敢地迎接一个又一个更高难度的挑战。而在他的背后，家长也给予了坚定的支持。他们尊重陈同学对编程的热爱，为他提供了良好的学习环境和资源，鼓励他在遇到困难时坚持不懈。同时，老师也对他的成长起到了重要的引导作用。老师不断地给予他鼓励和指导，激发他的创新思维，帮助他挖掘自身的潜力，让他在编程的道路上越走越远。

## 新疆陈同学的努力与机遇

陈同学，来自新疆乌鲁木齐市，自小学二年级起便展现了对编程的浓厚兴趣。他最初通过图形化启蒙课程探索编程基础，随后在四年级转向学习 Python 编程语言，这一转变让他开始接触更具体实用的编程技能，为他未来的成长奠定坚实的基础。

在学习历程中，陈同学一方面按照规划系统进行学习，另一方面积极参加编程考试和比赛，以赛代练，以考促学。通过他的努力，取得了电子学会等级考试四级证书，并获得了蓝桥杯、信息素养大赛等白名单竞赛省一等奖的成绩。这些成绩很好地激发了陈同学的自信心，并且在当地的升学招生环节也起到了不小的作用。

凭借编程竞赛证书，陈同学成功进入乌鲁木齐市重点中学——乌鲁木齐市第一中学。这一进步不仅让他和家人喜悦，也是辛勤努力的成果。进入理想学校，意味着他将有更多资源和机会，继续探索开展编程领域潜力。

## 6.2 走科技特长生需要具备的条件

科技特长的培养往往始于兴趣的萌芽。孩子们对编程或其他科技领域产生浓厚兴趣，这是他们踏上科技特长之路的起点。兴趣激发内心的热情与动力。当他们表现出对编程的兴趣时，我们应提供充分的支持与引导。通过丰富多样的学习资源，让他们在探索中不断深入，挖掘自身潜力。

然而，将兴趣发展成科技特长，需要满足一些关键条件。

首先，强烈的兴趣至关重要。要将这种兴趣从短暂的好奇转换成持久的热情。只有当孩子真正热爱科技领域，并愿意投入时间和精力，他们才有可能取得显著成果。

其次，较强的逻辑思维能力至关重要。编程和其他科技活动要求孩子能清晰分析问题、设计解决方案，并进行有效的推理和判断。他们需要学会深入思考问题本质，找出规律，构建合理的代码或解决方案。

再者，良好的学习能力能帮助孩子快速掌握新知识。科技领域迅速发展，孩子们需不断学习和适应新技术理念。

在培养科技特长的过程中，孩子们可能会面临选择。如果孩子对科技的兴趣短暂，或遇到困难轻易放弃，那可能不适合继续发展这一特长。此时，应尊重孩子选择，帮助他们寻找更合适的领域。

相反，如果孩子具备以下特点，应鼓励他们继续发展科技特长。

（1）对编程和科技有浓厚兴趣和热情，愿意投入时间和精力学习和探索。

（2）通过课程学习和自主学习，掌握 Python、C++ 等编程语言，以及机器人设计、数学建模等相关技能。

（3）具备创新思维和解决问题能力，在比赛和项目中锻炼创新能力。

（4）学有余力，利用课余时间学习和实践，不断提升能力和水平。

为了帮助孩子发展科技特长，我们可以采取以下措施：

◎ 提供丰富的学习资源，包括书籍、课程、线上学习平台等。

◎ 鼓励孩子参加各种科技竞赛和活动，锻炼他们的实践能力。

◎ 引导孩子学会思考和解决问题的方法，培养他们的逻辑思维能力。

◎ 培养孩子的耐心和毅力，让他们在遇到困难时不轻易放弃。

总之，从兴趣到科技特长的培养之路并非一帆风顺，需要孩子具备强烈的兴趣、良好的逻辑思维和学习能力，以及坚持不懈的精神。只有在这样的前提下，孩子们才有可能在编程领域中取得成果。

# 第 7 章
# 答疑解惑

这里我想回答家长们比较关心的问题，例如，什么样的孩子适合参加信息学奥赛、女孩适合学编程吗等 20 余个问题，以及编程规划到底如何做。

# 7.1 Q&A

## 问题一：什么样的孩子适合参加信息学奥赛

趣味编程适合所有的孩子，但参加信息学奥赛，仅适合具备以下条件的孩子。

首先，孩子需要对计算机有浓厚的兴趣。如果孩子对计算机没有兴趣，不愿意学习，那么强迫他们学习也是徒劳无益的。

其次，有了兴趣之后，孩子应该喜欢探索，对于不熟悉的内容会主动积极地寻找答案。

再次，孩子应该具备足够的学习能力，参加竞赛通常要求在学校里达到基本的学习标准，学习校内课程不应感到吃力，有额外的精力去发展自己的特长。现在已经没有单纯的竞赛生概念了。在学校自主招生环节，学校会结合看校内的成绩和竞赛的成绩，通过竞赛能够获得降分的优待。校内的学习是基础，在学有余力的情况下，可以在专业教练的指导下，通过不断努力和坚持，在竞赛方面挑战更高的目标。

最后，家长的支持至关重要。在竞赛过程中，家长的支持和陪伴对孩子来说非常重要。有了家长的支持，孩子会感到更加踏实。

他们追求的不仅仅是考试的分数，更是心中那份对美好未来的向往和渴望。

## 问题二：女孩子适合学习编程吗

在与家长交流时，我常听到他们对女孩子学习编程缺乏信心，认为这是男孩子擅长的领域。我坚信，这种观念是错误的。

首先，女孩子有自己的独特优势。女孩子在细心、耐心和专注度方面较男孩子更有优势。这些特质在编程学习和竞赛中都是非常宝贵的，因此女孩子在编程学习中往往有更突出的表现。男孩子和女孩子之间不存在性别差异，只存在个体差异，这是人与人之间普遍存在的。

其次，女孩子学习编程不应受到性别限制。实际上，越来越多的女孩子在编程领域表现出色，她们在编程和算法设计方面展现的能力不亚于，甚至超过男生。因此，性别不应成为限制女孩子学习编程的因素。

国家对信息学女子队的重视进一步证明了女孩子学习编程的重要性。在国家级比赛中，每支省队都要求有一名女队员。国家还专门成立了信息学女子队，为女孩子提供了更多的学习和竞赛机会。这一政策不仅激励了女孩子学习信息学，还为她们提供了展示才华的更大平台。

学习编程还能为女孩子的未来职业生涯开辟更广阔的道路。信息技术已深入各行各业，成为现代社会的基石。掌握编程知识的女孩子可以在科技、互联网、人工智能等领域得到丰富的就业机会，并在这些领域取得成功。

女孩子学习编程也是对性别平等和多样性的支持与促进。我们要打破“男生应该做的事”和“女生应该做的事”的传统观念，让女孩子有机会接触和学习编程，不仅支持了她们的个人发展，也促进了社会的整体进步。信息学领域需要不同性别和背景的人才，以全面解决问题，推动科技进步。

家长完全不必对女孩子学习编程产生过多担忧，而应该给予女孩子更多学习机会、支持和鼓励，帮助她们相信自己，能够在这个领域取得优异成绩。

## 问题三：如果孩子不喜欢学编程，怎么办

如果孩子对学习编程缺乏兴趣，家长和老师可以尝试以下方法来帮助他们。

**了解兴趣和需求：**首先，家长和老师应了解孩子的兴趣和需求。如果孩子对其他学科或领域更感兴趣，可以引导他们探索和学习那些领域。

**提供多样化的学习体验：**编程不仅限于编程和算法，还包括网络安全、人工智能、数据分析等。家长和老师可以提供多样化的学习体验，让孩子接触和了解编程的不同方面，有可能找到他们感兴趣的部分。

**注重实践和应用：**在学习编程时，让孩子注重实践和应用，通过有趣的项目或有意义的活动激发他们的学习兴趣。例如，可以组织编程竞赛或开展科技创新项目。

**尊重孩子的选择：**虽然编程在现代社会很重要，但并非每个孩子都感兴趣。家长和老师应尊重孩子的选择，不强迫他们学习不感兴趣的内容。重要的是让孩子快乐地学习，发展真正感兴趣的领域。

**鼓励并给予支持：**无论孩子选择学习什么，家长和老师都应给予充分的鼓励和支持。让他们知道，无论选择何种道路，都会得到家长和老师的支持，并能够取得成功。

最重要的是，孩子的幸福和成长至关重要。因此，家长和老师应与孩子沟通，共同探讨他们的兴趣和需求，为他们提供最适合的学习和成长环境。

每个孩子都有独特的兴趣和天赋，竞赛并非每个孩子必经之路。如果孩子对学习编程确实没有兴趣，并表现出明显抵触，那么家长和老师应尊重孩子的感受，并考虑其他适合他们的学习路径。

## 问题四：信息学奥赛考核的到底是什么内容

信息学奥赛是一项全球性的竞赛，旨在激发孩子在计算机科学和信息技术领域的卓越才能和创造力。

信息学奥赛的考核内容主要涉及算法和编程能力。参赛者需解决一系列算法问题，并使用编程语言实现解决方案。这要求参赛者具备出色的逻辑思维、问题分析及编程实践能力。

此外，信息学奥赛还重视参赛者的创新能力和问题解决能力。竞赛题目通常具有挑战性和复杂性，要求参赛者能够独立思考且富有创造性地解决问题。参赛者需灵活运用所学知识，寻找最佳解决方案。

总体而言，信息学奥赛的考核核心是孩子在计算机科学和信息技术领域的综合能力。通过参与这项竞赛，孩子不仅能提升专业知识技能，还能培养创新精神、团队合作精神和解决问题能力，为未来的学习和职业发展奠定坚实基础。

表 7-1 是总结出来的信息学奥赛入门级常考的知识点。

表 7-1 信息学奥赛入门级常考的知识点

| 序号 | 知识点 | 要求 |
| --- | --- | --- |
| 1 | 模拟算法（暴力枚举） | 按照题目要求直接实现解决方案，确保运行时间和正确性 |
| 2 | 搜索与回溯 | 主要包括深度优先搜索（DFS）和宽度优先搜索（BFS）。通常不直接使用暴力搜索，而是结合记忆化搜索和剪枝技术来优化 |
| 3 | 简单操作 | 掌握筛法、前缀和、快速幂、高精度计算和辗转相除法等基本操作，以应对大部分数据处理问题 |
| 4 | 基础数据结构 | 熟悉队列（尤其是单调队列）、栈、堆和链表等，以及它们在问题解决中的应用 |
| 5 | 简单二分和分治 | 理解并应用二分查找和分治策略，如快速排序、归并排序等 |
| 6 | 贪心算法 | 在能够证明其正确性的情况下使用贪心算法，即使无法证明，有时也可以用来获取部分分数 |
| 7 | 数学知识 | 掌握公式计算，包括公式的化简和变形，通过反复操作可得出重要结论 |
| 8 | 简单动态规划 | 能够推导出状态转移方程，注意初始化和边界条件的处理 |
| 9 | 字符串操作 | 熟悉字符串的插入、删除、查找等基本操作 |
| 10 | 经典问题变形 | 能解决八皇后、马的走法、背包问题等经典问题的变形问题 |

表 7–2 是信息学奥赛提高级常考的知识点，提高级的知识点是在入门级的基础上增加了一些比较难的算法。

表 7-2 信息学奥赛提高级常考的知识点

| 序号 | 知识点 | 要求 |
|---|---|---|
| 1 | 模拟算法（暴力枚举） | 按照题目要求直接实现解决方案，确保运行时间和正确性 |
| 2 | 搜索与回溯 | 重点掌握 DFS（深度优先搜索）和 BFS（宽度优先搜索），通常结合记忆化搜索和剪枝技术来优化性能 |
| 3 | 简单操作 | 熟练掌握筛法、前缀和、快速幂、高精度计算和辗转相除法等基本操作 |
| 4 | 基础数据结构 | 熟悉队列（包括单调队列）、栈、堆和链表等，并能够灵活运用 |
| 5 | 简单二分和分治 | 理解并应用二分查找和分治策略，如快速排序、归并排序等 |
| 6 | 贪心算法 | 在能够证明其正确性的情况下使用贪心算法，即使无法证明，有时也可以用来获取部分分数 |
| 7 | 数学知识、公式计算 | 掌握公式计算，包括公式的化简和变形，通过反复操作可能得出重要结论 |
| 8 | 简单的动态规划 | 能够推导出状态转移方程，注意初始化和边界条件的处理 |
| 9 | 字符串的基本操作 | 熟悉字符串的插入、删除、查找等基本操作 |
| 10 | 经典问题变形 | 能解决多维状态、转移方式等问题的变形 |
| 11 | 较难的动态规划 | 处理多维状态和复杂的转移方式 |
| 12 | 简单数论 | 如扩展 GCD、欧拉函数等 |
| 13 | 进阶算法 | 掌握倍增、并查集、差分约束、拓扑排序、排列组合数、逆元和哈希等算法 |

续表

| 序号 | 知识点 | 要求 |
|---|---|---|
| 14 | 最短路径问题 | 掌握弗洛伊德算法、SPFA 算法、Dijkstra 算法及其优化，能够解决其变形问题 |
| 15 | 最小生成树问题 | 掌握 Prim 和 Kruskal 算法及其变化，能够解决其变形问题 |
| 16 | 二分图染色、二分图匹配 | 能够识别并解决隐藏较深的二分图问题 |
| 17 | 强连通分量 Tarjan，最近公共祖先 LCA | 掌握相关算法和概念 |
| 18 | 数据结构 | 熟悉线段树、字典树、主席树和树状数组等高级数据结构 |
| 19 | 树的更多操作 | 如树链剖分、树的直径、重心等 |
| 20 | 字符串操作 | 掌握 KMP 算法等高级字符串处理技术 |

## 问题五：编程竞赛是不是特别难

关于编程竞赛的疑问，我经常收到家长的咨询，特别是关于竞赛难度和孩子是否有机会参与的问题。以下是对这些问题的总结和解答。

首先，编程竞赛的难度主要体现在考核内容的复杂性和深度上。竞赛题目通常涉及高级算法设计和程序编码，要求参赛者具备扎实的计算机科学基础知识和编程技能。解决这些问题需要深入理解算法原理和数据结构，并能够灵活运用各种编程语言实现解决方案。

其次，编程竞赛的考试时间和题量也是对参赛者的考验。竞赛中，参赛者通常需要在有限的时间内完成多道题目，这些题目往往具有一定难度和复杂性。因此，参赛者需要快速思考、准确分析问题，并给出正确解决方案。

此外，编程竞赛还要求参赛者具备创新思维和问题解决能力。竞赛题目往往需要参赛者灵活运用所学知识，结合创新思维，找到最优解决方案。这对参赛者的综合能力提出了更高要求。

尽管编程竞赛具有一定难度，但参与竞赛是宝贵的学习和成长机会。通过准备和参与竞赛，孩子可以深化计算机科学知识，培养创新精神、团队合作意识和解决复杂问题的能力。

在众多学科竞赛中，信息学奥赛的获奖门槛相较于其他领域可能稍显宽松，这主要是因为参与的人数相对较少。以数学奥林匹克竞赛为例，每年参赛的人数可能高达数百万，而信息学奥赛的参与者则仅有数万。尽管参与人数较少，但信息学奥赛在省级乃至国家级的获奖人数与奥数竞赛相差无几。大多数学生在经过一到两年的学习后，便能获得 CSP-J（初级组）二等奖以上的成绩，而那些天赋异禀的学生或者在竞争相对弱的省份，甚至在掌握编程基础（大约需要三到五个月）后就能获得奖项。

CSP 竞赛的复赛环节通常由四道编程题目组成，每题满分为 100 分。第一题通常只需掌握基础语法即可解答；第二题可能需要运用一些简单的算法或展现出较好的逻辑思维；而第三题和第四题则可能涉及更为复杂的算法。

各个省份会根据自身情况划定获奖的分数线，从全国范围内来看，基本上做对第一道题获得 100 分，在全国大部分省市都是二等奖的水平；做对两道题获得 200 分，在大多数省市就可以获得一等奖。在竞争非常激烈的省份，比如浙江、广东、江苏等地达到一等奖分数线需要 200 分以上的成绩。复赛的获奖比例大约在 70%~80%，因此对于大多数参赛者来说，只要通过初赛，在复赛中获奖并非难事。

编程竞赛为孩子们提供了一个展示才华和挑战自我的平台。通过克服挑战，孩子们将获得更多的成长和收获。

## 问题六：如果孩子参赛结果不理想，是不是不适合参加竞赛

参加编程竞赛对孩子来说是一个宝贵的学习和成长机会，而不仅仅是追求成绩。以下是一些观点，帮助家长理解孩子参与编程竞赛的意义和价值。

编程竞赛极具挑战性，它要求孩子具备扎实的计算机科学基础和编程技能。即使孩子们的成绩不理想，他们在准备和参与过程中的学习经验也是非常宝贵的。这个过程可以帮助孩子们了解自己的不足，找到提升的方向，并激发他们对计算机科学和信息技术更深的兴趣。

学校考试通常是为了评估孩子对某一学科知识的掌握程度，目标是让孩子掌握必要的知识。而竞赛是选拔性质的，目的是区分参赛者的水平。在竞赛中，即使孩子的分数不高，但只要排名靠前，就能说明他们的水平。

竞赛提供了一个独特的环境，让孩子面对挑战、解决问题并从中学习。这些经验对孩子的个人成长和发展至关重要，包括培养坚持不懈的精神、提高应对压力的能力和增强自信心。

家长应该鼓励孩子参与竞赛，并支持他们在竞赛中尽力而为。此外，家长的支持和鼓励对孩子参加竞赛非常重要。无论孩子的成绩如何，家长都应该给予他们足够的支持和鼓励，让他们感受到家庭的温暖和支持，增强他们面对挑战的勇气和信心。家长的支持可以帮助孩子建立积极的学习态度，并在面对挑战时保持乐观。

参与编程竞赛和其他学科竞赛可以帮助孩子发展各种技能，这些技能在他们的学术生涯和职业生涯中都将非常有用。因此，家长应该从长远的角度看待孩子的竞赛经历，而不仅仅关注短期的成绩。

编程竞赛的领域是一片无边无际的知识海洋，官方的指导方针似乎故意模糊其边界，让所有算法都可能成为考试的焦点，题目的难度不断攀升，新算法的涌现速度之快，让人应接不暇。在这样的背景下，参赛者想要全面掌握所有知识点，几乎是一项挑战极限的任务。

然而，面对如此浩瀚的知识领域，参与竞赛并非毫无意义。孩子们在竞赛的征途中，实际上是在不断锻造自己的思维和解决问题的能力。一个问题可能拥有多种解法，而这些解法之间存在着明显的优劣差异。他们可以先尝试用自己现有的知识去探索，即便遇到障碍，也能通过这个过程学到新的策略。随着时间的推移，他们的解题经验和技巧将日益精进。

参与竞赛的群体构成了一个充满激情和动力的社区。这里汇聚了来自全国各地乃至全球的杰出人才。孩子们有机会与这些杰出人才交流和学习，这样的经历对于他们的成长来说，是一笔宝贵的财富。因此，坚持参与竞赛不仅有意义，而且是一次难得的成长机会。

最后，孩子是否适合参加竞赛，不仅仅取决于竞赛成绩，更重要的是看孩子是否对竞赛感兴趣、是否愿意努力学习和提升自己的能力。只要孩子愿意并且努力，他们就是适合参加竞赛的。

总而言之，竞赛成绩不理想并不意味着孩子不适合参加竞赛。参与竞赛本身就是一种学习和成长的过程，孩子可以通过竞赛发现自己的潜力、提升自己的能力，同时也需要家长给予足够的支持和鼓励。

## 问题七：编程竞赛对就业有什么帮助

编程竞赛对孩子的影响不仅局限于学术领域，在就业市场上也具有显著优势。得益于国家政策的支持、教育部的指导，以及社会对信息学的广泛认可，信息学人才享有丰富的就业机会和广阔的职业发展空间。

国家政策对信息技术的倾斜体现在加大对该领域的投入，促进信息技术与其他行业的融合，推动经济社会的数字化转型。这些措施为信息学人才创造了众多就业平台。同时，教育部通过发布文件，鼓励学校强化信息技术教育，培养高素质人才，以满足社会对信息技术专业人才的需求，为信息学领域的人才培养提供了政策保障。

信息技术在各行各业的广泛应用和技术创新的持续需求，为信息学人才提供了广阔的就业空间。信息技术已成为推动产业升级和经济转型的重要力量，各行各业都在加大信息化建设力度，对信息学人才的需求日益增长。信息学人才将在互联网、人工智能、大数据、物联网等领域发挥重要作用。

此外，科技巨头公司如谷歌、微软、苹果、亚马逊等对信息学人才的需求极高，提供丰富的职位和优厚的薪酬。互联网企业如阿里巴巴、腾讯、百度、京东等也是信息学人才的主要用人单位，他们推出的创新项目和技术产品需要大量的信息学专业人才。在人工智能、区块链、生物信息学等新兴领域，众多初创企业对信息学人才也有巨大需求，为人才提供了更多发展机会和创业平台。

总之，编程竞赛的就业优势不仅体现在国家政策的支持和行业的需求上，还体现在各大公司对信息学人才的重视。通过参加信息学奥赛，孩子不仅能提升技术能力，还能为未来的就业找到更准确的方向。

## 问题八：数学不好，能学编程吗

我经常被问及："数学不好，能学编程吗？"我的回答是肯定的。即使数学不是强项，孩子们仍然可以学习编程。

编程是一门综合性学科，涵盖计算机科学、编程、算法设计、数据结构等多个领域。虽然数学是编程的基础，但它并不是学习编程的唯一要求。

编程还强调逻辑思维、问题解决和创新能力的培养，这些能力并非完全依赖于数学水平。

此外，即使数学不是孩子的优势，他们仍然可以通过学习和实践来提升数学技能。编程的学习过程中会涉及一些基础数学概念，但这些概念通常不需要很强的理解能力。随着学习的深入，孩子们将逐渐理解和掌握所需的数学知识。因此，数学不好不应成为学习编程的障碍。实际上，学习编程也能反过来促进数学能力的提升。对于数学基础较弱的孩子，学习编程可以帮助他们提高数学水平。

对编程的兴趣和热情是推动学习的最大动力。如果孩子对计算机、编程或科技领域充满热情，即使数学不是他们的强项，他们也能通过努力学习和实践来掌握编程的知识和技能。

编程的学习之旅通常始于对基础语法的掌握，这一初步阶段对数学知识的要求并不高，一般来说，拥有小学四年级的数学基础就足以应对。随着基础语法的熟练掌握，孩子们将逐步进入算法的世界，从简单的算法开始，逐步深入更为复杂的算法学习中。在这个过程中，孩子们可以开始系统地学习包括数论、组合学、函数、几何等在内的数学知识，这对孩子的校内数学学习也大有裨益。

## 问题九：学习编程会不会耽误孩子文化课的学习

编程教育不仅仅是技术技能的培养，更是锻炼思维能力的关键途径。孩子在学习编程的过程中，虽然需要投入时间和精力进行实践操作，但这对其文化课程的学习有着显著的正面影响，具体表现在以下几个方面。

◎ 增强审题技巧：编程训练孩子们更有效地拆解和分析问题，帮助他们清晰地梳理解题思路，识别并排除干扰因素，从而提高审题能力。

◎ 提升逻辑条理性：编程教育强调解题过程的严谨性，使孩子们在面对问题时能够有条不紊地进行，减少因逻辑混乱而导致的不必要失分，甚至对孩子们的作文写作也有好处。

◎ 培养检查习惯：通过编程的调试过程，孩子们学会如何细致地检查自己的工作，有效减少因粗心大意造成的错误，避免不必要的失分。

◎ 促进知识迁移能力：编程学习使孩子们能够迅速从解决一个问题中提炼出解决一类问题的通用技巧，提高解题效率。

## 问题十：孩子多大开始学编程比较好

编程与其他课程的学习一样，遵循着从兴趣培养到能力提升再到特长培养的成长路线。构建起编程特长的孩子，最终可以通过参加信息学奥赛获得升学特惠。具体的学习规划可以分为以下阶段：

◎ 一 ~ 二年级：启蒙阶段，开始接触编程概念，培养兴趣。

◎ 三 ~ 四年级：打基础阶段，系统学习编程基础，为深入学习做准备。

◎ 五 ~ 六年级：参加入门级比赛，积累经验，争取获得 CSP 等相关奖项，助力升入重点初中。

◎ 初中成长路线：继续学习并参加比赛，以赛代练，提升实战经验，获得的奖项有助于升入高中。

◎ 高一、高二阶段：参加各大比赛，争取获得好成绩，以获得名校优惠政策，助力升入理想大学。即使成绩不理想，学生仍有时间备战高考。

通常，高一和高二学生有机会通过信息学奥赛获得保送资格或者高校特惠录取的名额。为了在高中阶段能够抓住这些机会，学生在初中时期就应该积极参加各类比赛，以积累宝贵的实战经验。

根据历年的获奖数据，那些从小学阶段就开始接触编程，并坚持每年参加竞赛的孩子，在竞赛中取得优异成绩的可能性更大。为了在初中阶段就能够获得奖项，孩子最好在小学五到六年级时就开始参加入门级的竞赛，这将为他们日后参与更高水平的竞赛打下坚实的基础。

鉴于此，建议孩子从小学低年级就开始接触编程，并在这一阶段打下坚实的基础，同时也可以在数学方面做一定的积累。在小学的早期阶段，孩子的升学压力相对较小，他们可以有更多的时间和精力来专注于编程的学习。通过早期的学习和实践，孩子们不仅能够建立起对编程的兴趣和热情，还能够逐步培养出解决复杂问题的能力，这将对他们未来的学术发展和个人成长产生深远的影响。

## 问题十一：学多久可以参加编程竞赛

编程学习是一个逐步深入的过程，不同比赛对学习时间和准备程度的要求各不相同。

对于等级考试，通常学习 3 个月左右就可以参加一级考试。随着学习的深入和知识量的增加，可以继续挑战更高等级的考试，这一过程能够系统地检验和提升学习者的编程能力。

白名单赛事则要求参赛者有一定编程基础才能参加。通过定期参与比赛，学习者可以积累经验，提高解决实际问题的能力和应对比赛压力的技巧。

CSP（计算机软件能力认证）比赛则要求学习者在掌握语法和算法后参赛。通常，这需要半年到一年的时间来掌握相关知识和技能。在此过程中，学习者需要不断练习和实践，以适应比赛要求。

在编程学习中，应根据个人的学习进度和目标来合理安排参赛时间。

无论是等级考试、白名单赛事还是 CSP 比赛，都是提升编程能力和展示自我的重要平台。通过参与这些比赛，学习者不仅能检验学习成果，还能与其他优秀编程爱好者交流切磋，促进自身成长和发展。

优秀的竞赛选手通过每年参加各类比赛不断积累经验，提高能力。以我的女儿为例，她喜欢参加比赛，并且每年都会参加北京海淀区举办的编程竞赛。她从五年级开始学习 C++，并在小学阶段参加了一次 CCF 组织的比赛。

总之，编程学习是一个持续积累和进步的过程，在有时间和条件的基础上，建议孩子积极参加赛事，积累孩子的比赛经验。

## 问题十二：你是如何陪伴女儿学习编程的

在编程学习路上，我的女儿一直稳步前行。这是一段充满挑战与艰辛的旅程。我有幸能陪伴她一同经历。

女儿从二年级开始学习图形化编程，我看到了她眼中的好奇与热情。仅仅 3 个月后，她就成功考取了等级认证一级。我为她感到骄傲。接下来的 1 年半里，她努力学习，最终拿到了四级认证。这背后是她无数个日夜的坚持和付出。

随着她对编程的深入学习，我鼓励她开始参加白名单赛事。在这个过程中，我既是她的父亲，也是她的教练和伙伴。当她遇到困难想要放弃时，我会鼓励她勇敢面对，告诉她困难只是暂时的，只要坚持下去就一定能克服。我会和她一起分析问题，寻找解决的方法，让她重新树立起信心。

她在四年级上学期时，取得了白名单省赛一等奖和国赛一等奖的优异成绩，这让我看到了她的潜力和实力。然而，她并没有满足于此，而是继续挑战自我，从 Python 转至 C++，开始了新的学习阶段。五年级时，她正式开始学习 C++，并连续参加了北京海淀区和 CCF 组织的比赛，不仅获得了区三好的荣誉，还捧回了 CSP 证书。

同时，我也将这种鼓励和坚持的精神传递给其他孩子。我告诉他们，只要有梦想，有决心，就没有克服不了的困难。每一次看到他们在困难面前不退缩，在挑战面前不畏惧，我都感到无比欣慰。

如今，女儿在编程学习之路上已经取得了不少好成绩，但我知道这只是一个开始。未来还有很长的路要走，还有更多的挑战等待着她。我会一如既往地陪伴在她身边，鼓励她继续前进，不断追求卓越。我相信，只要她坚持下去，未来一定会更加美好。

在陪伴孩子学习编程和参加比赛的过程中，我总结了以下几点。

◎ 激发兴趣：关键是培养孩子对编程的兴趣，让他们在学习中体验乐趣和成就感。

◎ 耐心陪伴：在孩子学习过程中，提供充足的耐心和支持，共同克服困难和挑战。

◎ 鼓励坚持：当孩子遇到挫折时，鼓励他们不轻言放弃，培养其坚韧不拔的意志。

◎ 合理规划：根据孩子的实际情况，合理安排学习进度和目标，避免造成过大压力。

◎ 关注成长：重视孩子的全面发展，而不仅仅是成绩，促进其综合素质的提升。

编程学习和赛考之路虽充满挑战，但也充满希望。让我们携手共进，共同探索编程的奥秘！

## 问题十三：机器人有没有必要学习

机器人广受孩子们的欢迎，不仅能够让孩子们在游戏中学习，还能促进他们多方面技能的发展。那么，是否有必要让孩子学习机器人呢？对于年龄较小的孩子来说，机器人是一种极佳的锻炼工具。在充满活力的年纪，孩子们可以通过搭建机器人来提升手眼协调、空间认知和逻辑思维等关键能力。这些能力对他们的成长至关重要，而且通过游戏学习也能增加孩子们的快乐和积极性。

通过亲自动手搭建机器人，孩子们能体验到科技的乐趣，从而可能对科学、技术、工程和数学等领域产生浓厚的兴趣。这种兴趣的培养能激励孩子们更积极地学习和探索，是非常有必要的。

对于年幼的孩子们来说，学习机器人的投入相对较小，而且他们通常有足够的时间来探索和学习。因此，学习机器人是可行的。不过，机器人学习和编程学习是两个不同的领域，尽管它们之间有交集，但是学习内容和未来的出口都是不一样的。因此，即使没有学过机器人的课程，也完全不影响编程的学习。

对于年龄较大的孩子来说，学习机器人可能需要更多的投入，包括时间和精力。由于他们通常面临更重的学习负担，时间和精力都较为有限，可能无法像年幼的孩子那样在机器人上投入大量时间。此外，机器人的成本也相对较高，尤其是当涉及复杂器材等硬件的采购时，可能会产生较大的经济负担。对于这个年龄段的孩子，软件编程相对来说成本较低，可能是一个更合适的选择。当然，机器人和软件编程并不是互相排斥的，孩子们可以根据自己的兴趣和需求，选择最适合自己的学习路径。

## 问题十四：如何帮助孩子选择编程教育机构

在当今时代，编程教育机构如雨后春笋般涌现，为孩子们提供了丰富多样的学习机会。然而，面对众多的编程教育机构，家长们常常感到迷茫，不知道如何为孩子做出正确的选择。作为一名有经验的家长，我想分享一些建议，帮助大家明智选择编程教育机构。

首先，编程是一门对专业能力要求极高的学科，因此选择一家具备相关资质的机构至关重要。

编程学习是一个系统性的过程，主要包括学习、练习和比赛三个环节。一家好的编程教育机构应该能够提供完整的学习体系，让孩子在学习编程知识的同时，通过练习和参加比赛来巩固和提高自己的技能。在选择编程教育机构时，家长可以了解机构的课程设置、教学方法，以及是否有专业的题库和竞赛指导。

其次，教练在编程学习中的作用不可忽视。他们不仅是知识的传授者，更是孩子学习的引导者和激励者。一个优秀的教练应该能够根据孩子的特点和需求，制订个性化的学习计划，帮助孩子解决学习中遇到的问题，并给予他们充分的鼓励和支持。

最后，家长在选择编程教育机构时，可以通过查看机构的官方网站、社交媒体页面，以及其他家长的评价或者咨询身边已经有过编程学习经验的朋友，听取他们的建议和意见来考察编程教育机构的信誉和口碑。在选择编程机构时，应充分考虑孩子的成长规律和个体差异，以便做出合适的选择。深入了解编程学习规划类信息对于此过程至关重要。

## 问题十五：线下学编程好还是线上学编程好

在选择学习编程的方式时，线下学习和线上学习都有各自的优势和适用场景。让我们来分别探讨一下它们的特点。

线下学习的优势在于以下几点。

◎ 面对面交流：线下学习通常包括实体课堂教学，孩子可以与老师和同学进行面对面的交流和互动，更容易解决问题和理解概念。

◎ 结构化课程：线下学习通常有完整的课程安排和教学计划，由专业的教师授课，孩子可以更系统地学习编程知识和技能。

◎ 实践环境：一些线下学习课程提供实验室或工作坊环境，孩子可以在实践中学习，进行编程实验和项目开发。

◎ 团队合作：在线下学习环境中，孩子可以与同学组成学习小组或团队，共同解决问题和完成项目，培养团队合作能力。

线上学习的优势在于以下几点。

◎ 灵活性：线上学习具有时间和空间上的灵活性，孩子可以根据自己的时间安排和节奏自主学习，不受地点限制。

◎ 资源丰富：在线学习平台提供丰富多样的学习资源，包括视频教程、文档、练习题等，孩子可以根据自己的需求选择适合的内容进行学习。

◎ 个性化学习：孩子可以根据自己的学习目标和兴趣选择适合的课程和学习路径，实现个性化学习。

◎ 实时更新：在线学习资源可以随时更新和调整，及时反映最新的技术发展和行业趋势。

那么，如何选择呢？

选择学习编程的方式时，应考虑以下因素。

◎ 学习目标：如果你追求系统化和结构化的学习体验，并希望与老师和同学进行面对面的交流和互动，那么线下学习可能更适合你。

◎ 学习方式：如果你偏好自主学习，希望根据自己的节奏和兴趣进行学习，那么线上学习可能更符合你的需求。

◎ 时间和地点：如果你的时间安排灵活，不希望受到地点限制，那么线上学习提供了更大的便利性。

◎ 预算考虑：线下学习通常涉及学费，而线上学习有免费和付费课程可供选择，你可以根据自己的预算做决定。

线下学习虽然可以进行面对面的交流，但教练资源的有限性是一个需要考虑的问题。线上学习则提供了更大的灵活性和丰富的资源，能够更好地满足不同学习者的需求。

对于追求效率和灵活性的学习者，结合线上学习和线下学习是一个理想的选择。通过线上学习，可以利用丰富的网络资源；同时，参加线下的信息学奥赛集训营等活动，可以加强训练和准备比赛。这样的结合既利用了线上学习的便利，又享受了线下学习的互动和指导，从而实现更佳的学习效果。

总的来说，线上线下相结合的学习模式是一种更加全面和灵活的选择，它能够帮助学习者更有效地提升编程能力，同时增强应对比赛的实力。通过这种模式，学习者可以充分利用线上资源的广泛性和灵活性，以及线下互动的深度和即时性，实现学习效果的最大化。

## 问题十六：编程学习这条路径要花多少钱

编程作为一门综合性学科，涉及计算机科学、数学、逻辑学等多个领域，对提升孩子的综合素质具有重要意义。然而，许多家长和孩子在考虑选择编程路径时，对其费用有所顾虑。以下是对编程路径可能涉及的费用进行分析，以帮助家长和孩子做出更明智的决策。

### 1. 培训费用

**课程费用：**编程培训通常分为线上和线下两种形式。线上课程费用相对较低，一般在几百元到几千元之间；线下课程费用则因地区、机构和课程内容而异，可能从几千元到数万元不等。

**竞赛费用：**参加编程竞赛需要缴纳报名费，费用因竞赛级别和地区而异。此外，还可能需要支付参赛期间的交通、住宿等费用。

**教材费用：**购买信息学相关教材和参考书籍也需要一定的费用。

### 2. 硬件设备费用

**计算机设备：**学习编程需要一台性能良好的计算机，包括台式机或笔记本计算机。计算机的价格因配置而异，可能从几千元到上万元不等。

**其他硬件设备：**根据学习需求，可能还需要购买一些额外的硬件设备，如编程机器人、传感器等。

### 3. 时间成本

**学习时间：**编程学习需要投入大量的时间和精力，孩子需要在课余时间进行学习和练习。

**竞赛准备时间：**参加编程竞赛需要进行充分的准备，包括学习算法、数据结构等知识，以及进行模拟比赛。所以赛事准备也需要投入时间。

4. 其他费用

加入编程相关的学术组织或俱乐部可能需要缴纳会员费用（可选、不是必要费用）。

需要注意的是，以上费用仅为估算，实际费用可能因地区、机构、课程内容和个人需求而有所不同。此外，家长和孩子在选择编程路径时，不应仅仅考虑费用因素，还应综合考虑机构的教学质量、师资力量、竞赛成绩等因素。

对于经济条件有限的家庭，可以选择一些免费或开源的学习资源，如在线课程、教材等。同时，也可以积极参与学校或社区组织的信息学活动，以降低学习成本。

总的来说，编程路径的费用因多种因素而异，家长和孩子在做选择时应进行充分的调研和分析，确保在经济承受范围内获得最好的教育资源和发展机会。同时，家长也要认识到，投资编程教育不仅是对孩子未来的一种规划，更是对他们综合素质和能力的培养，将为他们的人生发展带来更多的可能性。

## 问题十七：编程竞赛那么多，都要参加吗

在当今数字化时代，编程技能的重要性日益凸显，各种编程竞赛也应运而生。面对众多编程竞赛，孩子和家长们可能会感到困惑：是否需要参加所有的竞赛呢？

最重要的是，我们需要明确参加编程竞赛的目的。竞赛提供了一个锻

炼和展示编程能力的平台，有助于孩子提高解决问题的能力、培养创新思维。在竞赛中取得的优异成绩，可能为孩子带来升学、就业等方面的优势。

然而，并非所有的编程竞赛都适合每个孩子。以下是一些需要考虑的因素。

◎ **兴趣和热情**：孩子应首先对编程有浓厚的兴趣和热情。如果参加竞赛仅为了追求奖项或满足家长的期望，而不是出于自身的兴趣，那么可能会导致孩子学习动力不足，竞赛表现不太好。

◎ **个人能力和水平**：不同的编程竞赛难度和要求各异。孩子应根据自己的编程能力和水平选择适合的竞赛。过于高难度的竞赛可能导致压力过大，而过于简单的竞赛则可能无法充分发挥潜力。

◎ **时间和精力**：参加竞赛需要投入大量的时间和精力进行准备。孩子需要在学业、其他兴趣爱好和休息之间进行平衡。过多参加竞赛可能导致时间紧张，影响身心健康。

◎ **竞赛的质量和声誉**：并非所有的编程竞赛都具有相同的质量和声誉。一些竞赛可能缺乏公正性、权威性或对孩子的实际帮助有限。在选择竞赛时，可以参考竞赛的历史、组织者的信誉、参赛选手的反馈等因素。

最后，家长和孩子应认识到，编程竞赛只是学习编程的一种途径，而不是唯一目标。培养孩子的编程兴趣、提高编程能力和思维能力更为重要。在选择竞赛时，要保持理性和冷静的态度，根据自身情况做出合适的决策，让竞赛成为促进学习和成长的助力，而不是负担。

## 问题十八：如何选择信息学奥赛教练

在选择信息学奥赛教练时，应考虑以下几个关键点。

◎ **教育背景和专业水平**：理想的教练应来自一流院校，拥有扎实的专业知识和丰富的教学经验。一流院校的教育资源和学术氛围为教练员提供了优质的专业训练，使他们能够更有效地指导孩子。

◎ **竞赛经验和成绩**：教练在孩子时代参加过各种竞赛，并取得过优异成绩的经验至关重要。这不仅能反映教练对竞赛的理解和掌握程度，还能为孩子提供宝贵的实战经验和指导。同时，教练应具备一定的带队经验，并曾帮助孩子在竞赛中取得佳绩。

◎ **教学方法和能力**：优秀的教练应能根据孩子的特点和需求，制订个性化的教学计划，并采用灵活多样的教学方法，激发孩子的学习兴趣和积极性。此外，教练还应具备良好的沟通能力和团队合作精神，以建立良好的师生关系。

◎ **个人品质和职业素养**：教练应具备高尚的品德和职业道德，热爱教育事业，关心孩子的成长和发展。同时，教练应具备良好的心理素质和抗压能力，在竞赛中保持冷静和自信。

## 问题十九：小学不学编程，初中再学可以吗

许多家长开始考虑让孩子在小学阶段就学习编程。然而，也有家长认为，小学不学编程，初中再学也可以。那么，这种观点是否正确呢？

让我们来看看小学阶段学习编程的好处。小学是孩子思维发展的关键时期，学习编程可以培养他们的逻辑思维、创造力和解决问题的能力。通过编程，孩子们可以学习如何将复杂的问题分解成简单的步骤，如何运用算法和数据结构来解决问题。这些技能不仅对编程有帮助，对其他学科的学习也有积极的影响。

小学阶段学习编程还可以激发孩子们对科技的兴趣。编程可以让孩子们亲身体验到科技的魅力，激发他们对科学、技术、工程和数学等领域的兴趣。这对于培养未来的科技人才具有重要意义。

也有家长认为小学阶段应该注重基础学科的学习，如语文、数学和英语等。他们担心过早学习编程会影响孩子对这些基础学科的掌握。此外，他们认为初中阶段的孩子已经具备了一定的逻辑思维能力和学习能力，学习编程会更加容易。

那么，小学不学编程，初中再学是否可行呢？答案是肯定的。初中阶段的孩子已经具备了一定的学习能力和认知水平，可以更好地理解和掌握编程的概念和技能。而且，初中阶段的学习任务相对高中阶段较轻，孩子们有更多的时间和精力来学习编程。

但是，需要注意的是，初中再学编程可能会面临一些挑战。首先，编程是一门需要不断练习和实践的学科。如果孩子在小学阶段没有接触过编程，那么他们在初中阶段可能需要花费更多的时间和精力来弥补基础。其次，编程竞赛和考级等活动通常在小学阶段就已经开始，如果孩子在初中才开始学习编程，那么可能会错过参加这些活动的机会。

如果孩子已经上了初中二年级或更高年级才开始学习编程，那么就要求孩子在数学方面有异于常人的优势。因为初中升高中的机会只有一次，而且要从提高组开始打 CSP 比赛，难度非常大。

反之，如果孩子在小学就开始进入编程竞赛的准备，赛程相对较长，机会也较大。对于孩子的天赋要求不会特别高，孩子可以经过长线的学习、练习和赛事积累，为将来应对更高级别赛事做好充分准备。

小学不学编程，初中再学是可以的，但需要根据孩子的具体情况来决定。

无论何时开始学习编程，编程是一门有趣的学科，但的确需要孩子付出努力和耐心。家长可以通过选择合适的编程课程和教材，以及鼓励孩子参加编程活动和竞赛等方式，来激发孩子学习的兴趣和积极性。同时，家长也需要关注孩子的学习进度和心理健康，给予他们足够的支持和鼓励。

## 问题二十：孩子不参加编程竞赛，学编程还有用吗

确实，许多家长可能会担心，如果孩子不够优秀，无法参与编程竞赛，那么学习编程还有什么意义？这种观点其实忽视了编程学习的多重价值和意义。

首先，学习编程本身就是一个锻炼思维、培养逻辑性的过程。编程要求孩子将复杂的问题分解成简单的步骤，能够培养他们的逻辑思维和解决问题的能力。这些技能对孩子的整体发展是非常有益的，无论他们将来选择哪个领域。

其次，孩子即使无法参加信息学奥赛，也可以通过参加等级考试、白名单等各类编程赛事来展示自己的技能。这些赛事不仅能够培养孩子们的自信心和成就感，还能帮助他们丰富经历，增加阅历，积累丰富的社会实践活动经验。这些经历对于孩子的个人成长和社会适应能力都是非常宝贵的。

此外，学习编程也可以作为一种兴趣和爱好。编程可以让孩子体验到创造和实现自己想法的乐趣，这对于他们的创造力和创新能力的发展非常重要。

## 7.2 编程学习并不仅限于成绩优秀的孩子

下面将介绍乔斯优秀的学员学习编程的案例。这些例子表明，编程学习是一个能让孩子受益匪浅的历程，并非只有成绩优秀的孩子才能参与。这些孩子们在编程学习中取得了令人鼓舞的进步，从而发现了自己在逻辑思维和问题解决方面的潜能。

### 案例一

GTY 同学自三年级起接触编程，自学 Python 并设计出有趣的游戏，展现了他的编程天赋和热情。尽管他的数学成绩并不突出，但对游戏设计的兴趣成为他自学编程之路的起点。起初，他完全依靠自己摸索，过程虽艰难，却逐渐提高了技能。在短短一年内，他通过了电子学会的四个级别考试，并在蓝桥杯 STEMA 比赛中取得了全国前 10% 的优异成绩。这些成果不仅证明了他在编程领域的才华，也显示了他解决问题的能力和逻辑思维能力的显著提升。

四年级时，GTY 同学开始同时学习 Python 和 C++，进一步拓宽了他的编程技能和知识面。通过这样的学习过程，GTY 不仅在技术上取得了进步，也在个人能力和思维方式上得到了全面的提升。

### 案例二

XYH 同学在算术方面表现不佳，对数学不是太感兴趣。然而，他的妈妈发现学习编程可以提升孩子的思维能力，并作为锻炼数学能力的方式，决定让孩子学习编程。

XYH 同学从一年级开始接触 Scratch，二年级时开始学习 Python。在学习 Scratch 的过程中，他参与了 NOC 大赛、信息素养大赛、蓝桥杯比赛及等级考试，成功通过了三级等级考试，并在蓝桥杯比赛中取得了全国排名前 8% 的优异成绩。这些成果不仅证明了他在编程领域的才华，也显示了他在数学能力上的显著提升。

### 案例三

ZYH 同学通过编程展现出了对创新的极大热情和非常积极的学习态度。他在完成课后作业时，不仅遵循任务要求，还会主动融入自己的想法来拓展程序。这种主动性和创造性是编程学习中最宝贵的品质之一。

将 Scratch 程序应用到机器人上，展示了 ZYH 同学将所学知识应用于实际问题的能力。这不仅锻炼了他的思维，还提高了他的创新能力。目前，他正在学习 Python，这将进一步丰富他的编程技能，并为他将来的学习和发展打下坚实的基础。

### 案例四

MJZ，一名来自广东省的初中生，自小学三年级起就展现出对计算机的浓厚兴趣。尽管当时数学成绩一般，家长却鼓励他从四年级开始学习 Python 编程。在短短两年时间内，他不仅通过了电子学会的六个等级考试，还荣获蓝桥杯国赛一等奖。其间，他利用 Python 创作了多款小游戏和实用程序。目前，MJZ 正在学习 C++，并计划参加相关竞赛。通过编程学习，他不仅享受过程，还锻炼了逻辑思维和自信心，成功完成了多个实际项目。

### 案例五

LJJ，一名来自江苏的四年级孩子，自三年级起对图形化编程产生浓厚兴趣。课堂上，他专注听讲，积极提问；课后，他认真完成作业。在图形化编程学习三个阶段后，他参加了蓝桥杯比赛，荣获国赛优秀奖，并通过了电子学会三级考试。目前，LJJ 正在学习 Python 编程，STEMA 成绩高达 644 分，排名全国前 9%。编程学习让他收获了知识与快乐，培养了逻辑思维和解决问题的能力。同时，他的数学成绩也稳步提升，保持在班级前五。编程不仅开拓了他的思维，还补充了丰富的数学知识，这让他乐在其中。

### 案例六

YSB，一名来自黑龙江哈尔滨的孩子，尽管对数学不太感兴趣，但在一年级时通过乔斯的图形化编程启蒙学习，意外产生了对编程的浓厚兴趣。他顺利通过了电子学会图形化等级考试的所有级别，并凭借作品《打败病毒君》荣获 2020 年黑龙江省孩子信息素养提升实践活动小学组创意程序设计项目二等奖，激发了他学习计算机的梦想。

进入三年级下学期，YSB 开始学习 Python，期间通过了电子学会的一级、二级、三级和五级考试，并在 APO 编程算法挑战赛 Python turtle 项目中获得一等奖。他经常向老师表达持续学习的决心，希望创作更多有趣的游戏。家长对他取得的进步感到非常满意，认为孩子的成长过程是值得铭记的，不应急于求成，而应耐心等待他的成长与绽放。

### 案例七

ZCB，一名来自上海的五年级孩子，对编程充满热情。自三年级起，他开始学习 Python，先是通过线下课程掌握了基础编程概念，随后在乔斯

继续学习一年多。

寒假期间，ZCB 运用所学知识，独立开发了一款名为《星际探险》的互动小游戏。他投入超过 20 天的时间，专注于游戏的设计、编程和测试。这款游戏巧妙融入教育元素，旨在传授基础天文学知识。它不仅在学校内受到师生赞誉，还在上海青少年科技创新大赛中荣获“最佳创意奖”。

通过这个项目，ZCB 提升了问题解决能力，深刻认识到持续学习的重要性。这样的赛事经历，也成为推动他自信心的强大动力。

## 案例八

YZC，一名来自浙江省的初中生，对编程充满热情，并开始了系统的学习。经过大约一年的时间，他完成了 CSP 入门组的课程，报名参加了 CSP-J 竞赛，荣获浙江省一等奖，成为同学中的佼佼者，并吸引了高中招生老师的关注。

他保持积极进取的态度，不断提升编程技能。课余时间，他参加了多个在线编程课程，并成功开发了一款独特的小程序。家长欣喜地发现，YZC 的逻辑思维能力日益增强，他在分析和解决问题的过程中，形成了严谨缜密的思维方式。

## 案例九

CYH，一名来自上海的初中生，起初对编程一无所知，但充满好奇心和探索欲。在乔斯的指导下，他从编程启蒙开始，逐步深入学习 C++ 语言。一年时间里，他投入了大量时间和精力，坚持不懈地编写和调试代码，逐渐掌握了编程基础技能和独特的思维方法。

升入初中一年级后，CYH 的编程能力显著提升。他报名参加了 CSP-J 竞赛，凭借出色表现荣获一等奖，得分高达 301 分。这一成绩不仅证明了他的编程实力，也展现了他学习过程中的坚持与努力。

通过上述案例，我们可以清楚地看到，许多孩子对编程有着天然的兴趣，并乐于探索。编程不仅仅适合成绩优异的孩子学习，而是可作为一种能够有效拓展思维逻辑的工具。因此，我们应该为孩子提供学习编程的机会。在孩子学习编程的过程中，如果他们展现出非凡的才能或在数学和逻辑思考方面有了显著进步，我们可以通过鼓励他们参加不同级别的竞赛来进一步发展这些技能。这样的竞赛经历不仅能够锻炼他们的专业技能，还可能为孩子们提供通过强基计划或综合评价机制，获得进入心仪学校的机会。学习编程是一个循序渐进的过程，请家长们不要过于焦虑，要给予孩子足够的时间和机会。

## 7.3 选择比努力更重要：编程规划提前做

回望我作为父亲和乔斯编程创始人的旅程，我深感选择的重要性。在编程学习的道路上，选择往往比努力更为关键。而科学合理的学习规划，则是我们在做选择时的指引。

我曾陪伴女儿一起开始编程学习之旅。她对计算机世界充满好奇和向往，但学习之路并非一帆风顺。我看着她有时感到沮丧，有时陷入困境，心中也不免感到沉重。我意识到，仅靠努力并不能解决所有问题，我们更需要做出正确的选择和精确的规划。

因此，我开始重新审视我们的学习路径，为女儿制订了一份个性化的学习计划。这份计划充分考虑了她的兴趣和能力，帮助她找到了最合适的编程语言和工具。我陪伴她参与编程竞赛和项目，鼓励她从失败中学习，在挑战中不断成长。随着时间的推移，她逐渐建立了自信，找到了编程的乐趣，对编程的热爱也日益加深，对未来有了明确的目标和期待。有了目标和期待，编程不再是难以攀登的高峰，而是通往美好未来的大道。

我的创业之路同样充满了选择和挑战。在创办乔斯编程的过程中，我遇到了许多困难和抉择。有时，我需要深入思考选择的方向；有时，我不得不调整策略和规划；甚至有时，我感到孤独和无助，怀疑自己的努力是否白费。然而，一个偶然的机会，我找到了一个明确的目标，并按照这个目标一步一个脚印地去实现。在这个过程中，我深刻体会到了选择的重要性。努力固然重要，但选择正确的方向才是关键。如果方向选择错误，那么再多的努力也可能徒劳无功。

每一个选择都是一次关键的决策，每一次决策都可能改变我们的人生轨迹。在编程学习中，正确选择并合理规划能为我们节省大量时间和精力，让我们更高效地前进。我们不应急于求成，而应学会适时停下来思考，寻找最适合自己的学习路径。

因此，我想对每一位在编程学习道路上努力奋斗的人说：选择比努力更重要。不要害怕迷失方向，不要畏惧失败和挫折。面对选择时，保持敏锐的洞察力和果断的决策力。同时，要有勇气承担选择带来的风险和挑战，相信自己的选择，坚持不懈地追求目标。

# 附录

# 附录 A 2023 CSP-J 初赛真题

2023CCF 非专业级别软件能力认证第一轮

(CSP-J1) 入门级 C++ 语言试题

认证时间：2023 年 9 月 16 日 09:30—11:30

## 考生注意事项：

◎ 试题纸共有 10 页，答题纸共有 1 页，满分 100 分。请在答题纸上作答，写在试题纸上的一律无效。

◎ 不得使用任何电子设备（如计算器、手机、电子词典等）或查阅任何书籍资料。

## 一、单项选择题（共 15 题， 每题 2 分， 共计 30 分；每题有且只有一个正确选项）。

1. 在 C++ 中，下面哪个关键字用于声明一个变量，其值不能被修改？（ ）

A. unsigned
B. const
C. static
D. mutable

2. 八进制数 123456708 和 076543218 的和为（ ）。

A. 222222218
B. 211111118
C. 221111118
D. 222222118

3. 阅读下面代码，请问修改 data 的 value 成员以存储 3.14，正确的方式是（　）。

```
union Data {
int num;
float value; char symbol;
};
union Data data;
```

A. data.value = 3.14;

B. value.data = 3.14;

C. data->value = 3.14;

D. value->data = 3.14;

4. 假设有一个链表的节点定义如下：

```
struct Node
    { int
    data;
        Node* next;
     };
```

现在有一个指向链表头部的指针：Node*head。如果想要在链表中插入一个新的节点，其成员 data 的值为 42，并使新节点成为链表的第一个节点，那么下面哪个操作是正确的？（　）

A. Node* newNode = new Node; newNode->data = 42; newNode->next = head; head = newNode;

B. Node* newNode = new Node; head->data = 42; newNode->next = head; head = newNode;

C. Node* newNode = new Node; newNode->data = 42; head->next = newNode;

D. Node* newNode = new Node; newNode->data = 42; newNode->next = head;

5. 根节点的高度为 1，一棵拥有 2023 个节点的三叉树高度至少为（ ）。

A. 6　　B. 7　　C. 8　　D. 9

6. 小明在某一天中依次有七个空闲时间段。他想要选出至少一个空闲时间段来练习唱歌，但又希望任意两个练习的时间段之间都有至少两个空闲的时间段让他休息。小明一共有（ ）种选择时间段的方案。

A. 31　　B. 18　　C. 21　　D. 33

7. 以下关于高精度运算的说法错误的是（ ）。

A. 高精度计算主要是用来处理大整数或需要保留多位小数的运算。

B. 大整数除以小整数的处理的步骤可以是，将被除数和除数对齐，从左到右逐位尝试将除数乘以某个数，通过减法得到新的被除数，并累加商。

C. 高精度乘法的运算时间只与参与运算的两个整数中长度较长者的位数有关。

D. 高精度加法运算的关键在于逐位相加并处理进位。

8. 后缀表达式“623+–382/+* 2 ^3+”对应的中缀表达式是（ ）。

A. ((6 – (2 + 3)) * (3 + 8 / 2)) ^ 2 + 3

B. 6 – 2 + 3 * 3 + 8 / 2 ^ 2 + 3

C. (6 – (2 + 3)) * ((3 + 8 / 2) ^ 2) + 3

D. 6 – ((2 + 3) * (3 + 8 / 2)) ^ 2 + 3

9. 数 1010102 和 1668 的和为（ ）。

A. 101100002

B. 2368

C. 15810

D. A016

10. 假设有一组字符 {a,b,c,d,e,f}，对应的频率分别为 5%、9%、12%、13%、16%、45%。请问以下哪个选项是字符 a,b,c,d,e,f 分别对应的一组哈夫曼编码？（ ）

A. 1111，1110，101，100，110，0

B. 1010，1001，1000，011，010，00

C. 000，001，010，011，10，11

D. 1010，1011，110，111，00，01

11. 给定一棵二叉树，其前序遍历结果为：ABDECFG，中序遍历结果为：DEBACFG。请问这棵树的正确后序遍历结果是什么？（ ）

A. EDBGFCA

B. EDBGCFA

C. DEBGFCA

D. DBEGFCA

12. 考虑一个有向无环图，该图包含 4 条有向边：(1,2),(1,3),(2,4) 和 (3,4)。以下哪个选项是这个有向无环图的一个有效的拓扑排序？（ ）

A.4, 2, 3, 1

B.1, 2, 3, 4

C.1, 2, 4, 3

D.2, 1, 3, 4

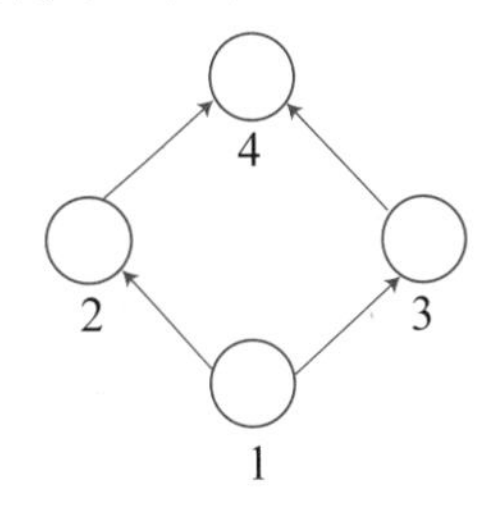


13. 在计算机中，以下哪个选项描述的数据存储容量最小？（ ）

A. 字节（byte）

B. 比特（bit）

C. 字（word）

D. 千字节（kilobyte）

14. 一个班级有 10 个男生和 12 个女生。如果要选出一个 3 人的小组，并且小组中必须至少包含 1 个女生，那么有多少种可能的组合？（ ）

A. 1420
B. 1770
C. 1540
D. 2200

15. 以下哪个不是操作系统？（ ）

A. Linux
B. Windows
C. Android
D. HTML

## 二、阅读程序（程序输入不超过数组或字符串定义的范围，判断题正确填√，错误填 x；除特殊说明外，判断题 1.5 分，选择题 3 分，共计 40 分）。

（1）

```
01 #include <iostream> 02 #include <cmath>
03 using namespace std;
04
05 double f(double a, double b, double c) {
06    double s = (a + b + c) / 2;
07     return sqrt(s * (s - a) * (s - b) * (s - c));
08 }
09
10 int main() {
11     cout.flags(ios::flxed);
12     cout.precision(4);
13
```

```
14      int a, b, c;
15      cin >> a >> b >> c;
16     cout << f(a, b, c) << endl;
17     return 0; 18 }
```

假设输入的所有数都为不超过 1000 的正整数，完成下面的判断题和单选题。

判断题

16.（2 分）当输入为“2 2 2”时，输出为“1.7321”。（ ）

17.（2 分）将第 7 行中的“(s − b)*(s − c)”改为“(s − c)*(s − b)”不会影响程序运行的结果。（ ）

18.（2 分）程序总是输出四位小数。（ ）

单选题

19. 当输入为“3 4 5”时，输出为（ ）。

A. “6.0000”
B. “12.0000”
C. “24.0000”
D. “30.0000”

20. 当输入为“5 12 13”时，输出为（ ）。

A. “24.0000”
B. “30.0000”
C. “60.0000”
D. “120.0000”

（2）

```
01 #include <iostream>
02 #include <vector>
03 #include <algorithm>
04 using namespace std;
05
06 int f(string x, string y) {
07     int m = x.size();
08     int n = y.size();
09     vector<vector<int>> v(m+1,vector<int>(n+1,0));
10     for(int i = 1; i <= m; i++) {
11         for(int j = 1; j <= n; j++) {
12             if(x[i-1] == y[j-1]) {
13                 v[i][j] = v[i-1][j-1] + 1;
14             } else {
15                 v[i][j] = max(v[i-1][j], v[i][j-1]);
16             }
17         }
18     }
19     return v[m][n];
20 }
21
22 bool g(string x, string y) {
23     if(x.size() != y.size()) {
24         return false;
25     }
26     return f(x + x, y) == y.size();
27 }
28
29 int main() {
30     string x, y;
```

```
31      cin >> x >> y;
32      cout << g(x, y) << endl;
33      return 0; 34 }
```

## 判断题

21.f 函数的返回值小于等于 min(n,m)。（　）

22.f 函数的返回值等于两个输入字符串的最长公共子串的长度。（　）

23. 当输入两个完全相同的字符串时，g 函数的返回值总是 true。（　）

## 单选题

24. 将第 19 行中的“v[m][n]”替换为“v[n][m]”，那么该程序为（　）。

A. 行为不变

B. 只会改变输出

C. 一定非正常退出

D. 可能非正常退出

25. 当输入为“csp-j p-jcs”时，输出为（　）。

A. “0”　　B. “1”　　C. “T”　　D. “F”

26. 当输入为“csppsc spsccp”时，输出为（　）。

A. “T”　　B. “F”　　C. “0”　　D. “1”

（3）

```
01 #include <iostream> 02 #include <cmath>
03 using namespace std;
04
05 int solve1(int n) {
```

```
06      return n * n;
07 }
08
09 int solve2(int n) {
10     int sum = 0;
11     for (int i = 1; i <= sqrt(n); i++) {
12         if(n % i == 0) {
13            if(n/i == i) {
14                sum += i*i;
15             } else {
16                 sum += i*i + (n/i)*(n/i);
17            }
18         }
19     }
20     return sum;
21 }
22
23 int main() {
24     int n;
25      cin >> n;
26     cout<<solve2(solve1(n))<<"
"<<solve1(solve2(n))<< endl;
27     return 0; 28 }
```

假设输入的 n 是绝对值不超过 1000 的整数，完成下面的判断题和单选题。

## 判断题

27. 如果输入的 $n$ 为正整数，solve2 函数的作用是计算 $n$ 所有的因子的平方和。（ ）

28. 第 13~14 行的作用是避免 $n$ 的平方根因子（或 $n/i$）进入第 16 行而

计算两次。（　）

29. 如果输入的 $n$ 为质数，solve2($n$) 的返回值为 $n2+1$。（　）

## 单选题

30.（4分）如果输入的 $n$ 为质数 $p$ 的平方，那么 solve2($n$) 的返回值为（　）。

A. $p^2+p+1$　B. $n^2+n+1$　C. $n^2+1$　D. $p^4+2p^2+1$

31. 当输入为正整数时，第一项减去第二项的差值一定（　）。

A. 大于等于 0　　B. 大于等于 0 且不一定大于 0

C. 小于 0　　D. 小于等于 0 且不一定小于 0

32. 当输入为“5”时，输出为（　）。

A. “651 625”　B. “650 729”　C. “651 676”　D. “652 625”

## 三、完善程序（单选题，每小题 3 分，共计 30 分）。

（1）（寻找被移除的元素）问题：原有长度为 $n+1$、公差为 1 的等差升序数列；将数列输入到程序的数组时移除了一个元素，导致长度为 $n$ 的升序数组可能不再连续，除非被移除的是第一个或最后一个元素。需要在数组不连续时，找出被移除的元素。

试补全程序。

```
01 #include <iostream>
02 #include <vector>
03
04 using namespace std;
05
06 int find_missing(vector<int>& nums) {
07     int left = 0, right = nums.size() - 1;
```

```
08     while (left < right) {
09         int mid = left + (right - left) / 2;
10         if (nums[mid] == mid + ①) {
11             ②
12         } else {
13             ③
14         }
15     }
16     return ④
17 }
18
19 int main() {
20     int n;
21     cin >> n;
22     vector<int> nums(n);
23     for(int i = 0; i < n; i++)cin >> nums[i];
24     int missing_number = find_missing(nums);
25     if (missing_number == ⑤) {
26         cout << "Sequence is consecutive" << endl;
27     } else {
28         cout << "Missing number is " << missing_
number << endl;
29     }
30     return 0; 31 }
```

33. ①处应该填（ ）

A. 1　　B. nums[0]　　C. right　　D. left

34. ②处应该填（ ）

A. left = mid + 1　　B. right = mid – 1

C. right = mid　　D. left = mid

35. ③处应该填（ ）

A. left = mid + 1　　B. right = mid – 1
C. right = mid　　D. left = mid

36. ④处应该填（ ）

A. left + nums[0]　　B. right + nums[0]
C. mid + nums[0]　　D. right + 1

37. ⑤处应该填（ ）

A. nums[0]+n　　B. nums[0]+n – 1　　C. nums[0]+n+1　　D. nums[n – 1]

（2）（编辑距离）给定两个字符串，每次操作可以选择删除（Delete）、插入（insert）、替换（Replace）一个字符，求将第一个字符串转换为第二个字符串所需要的最少操作次数。

试补全动态规划算法。

```
01 #include <iostream>
02 #include <string>
03 #include <vector>
04 using namespace std;
05
06 int min(int x, int y, int z) {
07     return min(min(x, y), z);
08 }
09
10 int edit_dist_dp(string str1, string str2) {
11     int m = str1.length();
12     int n = str2.length();
13     vector<vector<int>> dp(m + 1, vector<int>(n +
1));
14
```

```
15     for (int i = 0; i <= m; i++) {
16         for (int j = 0; j <= n; j++) {
17            if (i == 0)
18                dp[i][j] = ①;
19            else if (j == 0)
20                dp[i][j] = ②;
21            else if (③)
22                dp[i][j] = ④;
23            else
24                dp[i][j]=1+min(dp[i][j - 1],dp[i -
1][j], ⑤);
25         }
26     }
27     return dp[m][n];
28 }
29
30 int main() {
31     string str1, str2;
32     cin >> str1 >> str2;
33     cout << "Mininum number of operation:"
34            << edit_dist_dp(str1, str2) << endl;
35     return 0; 35 }
```

38. ①处应该填（ ）

A. j　　B. i　　C. m　　D. n

39. ②处应该填（ ）

A. j　　B. i　　C. m　　D. n

40. ③处应该填（　）

A. str1[i – 1] == str2[j – 1]　B. str1[i] == str2[j]

C. str1[i – 1] != str2[j – 1]　D. str1[i] != str2[j]

41. ④处应该填（　）

A. dp[i – 1][j – 1] + 1　B. dp[i – 1][j – 1]

C. dp[i – 1][j]　D. dp[i][j – 1]

42. ⑤处应该填（　）

A. dp[i][j] + 1　B. dp[i – 1][j – 1] + 1

C. dp[i – 1][j – 1]　D. dp[i][j]

# 附录 B　2023 CSP-J 复赛真题

2023CCF 非专业级软件能力认证

CSP-J/S2023 第二轮认证

入门级

时间：2023 年 10 月 21 日 08:30—12:00

| 题目名称 | 小苹果 | 公路 | 一元二次方程 | 旅游巴士 |
|---|---|---|---|---|
| 题目类型 | 传统型 | 传统型 | 传统型 | 传统型 |
| 目录 | apple | road | uqe | bus |
| 可执行文件名 | apple | road | uqe | bus |
| 输入文件名 | apple.in | road.in | uqe.in | bus.in |
| 输出文件名 | apple.out | road.out | uqe.out | bus.out |
| 每个测试点时限 | 1.0 秒 | 1.0 秒 | 1.0 秒 | 1.0 秒 |
| 内存限制 | 512 MiB | 512 MiB | 512 MiB | 512 MiB |
| 测试点数目 | 10 | 20 | 10 | 20 |
| 测试点是否等分 | 是 | 是 | 是 | 是 |

提交源程序文件名

| 对于 C++ 语言 | apple.cpp | road.cpp | uqe.cpp | bus.cpp |
|---|---|---|---|---|

编译选项

| 对于 C++ 语言 | - O2 - std=c++14 - static |
|---|---|

注意事项（请仔细阅读）

1. 文件名（程序名和输入输出文件名）必须使用英文小写。

2. C/C++ 中函数 main() 的返回值类型必须是 int，程序正常结束时的返回值必须是 0。

3. 提交的程序代码文件的放置位置请参考各省的具体要求。

4. 因违反以上三点而出现的错误或问题，申诉时一律不予受理。

5. 若无特殊说明，结果的比较方式则为全文比较（过滤行末空格及文末回车）。

6. 选手提交的程序源文件必须不大于 100KB。

7. 程序可使用的栈空间内存限制与题目的内存限制一致。

8. 全国统一评测时采用的计算机配置为：Intel®Core ™ i7-8700KCPU@3.70GHz，内存 32GB。上述时限以此计算机配置为准。

9. 只提供 Linux 格式附加样例文件。

10. 评测在当前最新公布的 NOI Linux 下进行，各语言的编译器版本以此为准。

## 小苹果（apple）

【题目描述】

小 Y 的桌子上放着 $n$ 个苹果从左到右排成一列，编号为从 1 到 $n$。小苞是小 Y 的好朋友，每天她都会从中拿走一些苹果。

每天在拿的时候，小苞都是从左侧第 1 个苹果开始、每隔 2 个苹果拿走 1 个苹果。随后小苞会将剩下的苹果按原先的顺序重新排成一列。

小苞想知道，多少天能拿完所有的苹果，而编号为 $n$ 的苹果是在第几天被拿走的？

【输入格式】

从文件 apple.in 中读入数据。

输入的第一行包含一个正整数 $n$，表示苹果的总数。

【输出格式】

输出到文件 apple. out 中。

输出一行包含两个正整数，两个整数之间由一个空格隔开，分别表示小苞拿走所有苹果所需的天数，以及拿走编号为 $n$ 的苹果是在第几天。

【样例 1 输入】

```
1 8
```

【样例 1 输出】

```
5 5
```

【样例 1 解释】

小苞的桌上一共放了 8 个苹果。

小苞第一天拿走了编号为 1、4、7 的苹果。小苞第二天拿走了编号为 2、6 的苹果。

小苞第三天拿走了编号为 3 的苹果。

小苞第四天拿走了编号为 5 的苹果。小苞第五天拿走了编号为 8 的苹果。

【样例 2】

见选手目录下的 apple/apple2.in 与 apple/apple2.ans。

【数据范围】

所有测试数据为：$1 \leq n \leq 10^9$。

| 测试点 | $n \leqslant$ | 特殊性质 |
|---|---|---|
| 1 ~ 2 | 10 | 无 |
| 3 ~ 5 | $10^3$ | 无 |
| 6 ~ 7 | $10^6$ | 有 |
| 8 ~ 9 | $10^6$ | 无 |
| 10 | $10^9$ | 无 |

特殊性质：小苞第一天就取走编号为 $n$ 的苹果。

## 公路（road）

【题目描述】

小苞准备开着车沿着公路自驾。

公路上一共有 $n$ 个站点，编号为从 1 到 $n$。其中站点 $i$ 与站点 $i$+1 的距离为 $v_i$ 公里。

公路上每个站点都可以加油，编号为 $i$ 的站点一升油的价格为 $a_i$ 元，且每个站点只出售整数升的油。

小苞想从站点 1 开车到站点 $n$，一开始小苞在站点 1 且车的油箱是空的。已知车的油箱足够大，可以装下任意多的油，且每升油可以让车前进 $d$ 公里。问小苞从站点 1 开到站点 $n$，至少要花多少钱加油？

【输入格式】

从文件 road.in 中读入数据。

输入的第一行包含两个正整数 $n$ 和 $d$，分别表示公路上站点的数量和车每升油可以前进的距离。

输入的第二行包含 $n$−1 个正整数 $v_1, v_2, \ldots, v_{n-1}$，分别表示站点间的距离。

输入的第二行包含 $n$ 个正整数 $a_1, a_2, \ldots, a_n$，分别表示在不同站点加油的价格。

【输出格式】

输出到文件 road.out 中。

输出一行，仅包含一个正整数，表示从站点 1 开到站点 $n$，小苞至少要花多少钱加油。

【样例 1 输入】

```
54
10101010
98965
```

【样例 1 输出】

```
79
```

【样例 1 解释】

最优方案如下：小苞在站点 1 购买了 3 升油，在站点 2 购买了 5 升油，在站点 4 购买了 2 升油。

【样例 2】

见选手目录下的 road/road2.in 与 road/road2.ans。

【数据范围】

对于所有测试数据保证：$1 \leqslant n \leqslant 10^5$，$1 \leqslant d \leqslant 10^5$，$1 \leqslant v_i \leqslant 10^5$，$1 \leqslant a_i \leqslant 105$。

| 测试点 | n ≤ | 特殊性质 |
|---|---|---|
| 1~5 | 8 | 无 |
| 6~10 | $10^3$ | 无 |
| 11~13 | $10^5$ | A |
| 14~16 | $10^5$ | B |
| 17~20 | $10^5$ | 无 |

特殊性质 A：站点 1 的油价最低。

特殊性质 B：对于所有 $1 \leqslant i<n$，$v_i$ 为 $d$ 的倍数。

# 一元二次方程（uqe）

【题目背景】

众所周知，对一元二次方程 $ax^2+bx+c=0,(a \neq 0)$，可以用下述方式求实数解：

- 计算 $\Delta = b^2-4ac$，则：

1. 若 $\Delta < 0$，则该一元二次方程无实数解；
2. 否则 $\Delta \geqslant 0$，此时该一元二次方程有两个实数解 $x_{1,2} = \frac{-b \pm \sqrt{\Delta}}{2a}$；

– 其中，$\sqrt{\Delta}$表示$\Delta$的算术平方根，即使得 $s^2=\Delta$的唯一非负实数 $s$。

– 特别地，当$\Delta = 0$时，这两个实数解相等；当$\Delta > 0$时，这两个实数解互异。

例如：

- $x^2+x+1=0$ 无实数解，因为 $\Delta = 1^2-4\times1\times1=-3<0$；
- $x^2-2x+1=0$ 有两相等实数解 $x_{1,2}=1$；
- $x^2-3x+2=0$ 有两互异实数解 $x_1=1, x_2=2$；

在题面描述中 $a$ 和 $b$ 的最大公因数使用 $\gcd(a,b)$ 表示。例如 12 和 18 的最大公因数是 6，即 $\gcd(12,18)=6$。

【题目描述】

现在给定一个一元二次方程的系数 $a, b, c$，其中 $a, b, c$ 均为整数且 $a \neq 0$。你需要判断一元二次方程 $ax^2+bx+c=0$ 是否有实数解，并按要求的格式输出。

**在本题中输出有理数 $v$ 时须遵循以下规则：**

- 由有理数的定义，存在唯一的两个整数 $p$ 和 $q$，满足 $q>0$，$\gcd(p,q)=1$ 且 $v=\frac{p}{q}$。
- 若 $q=1$，则输出 {p}；否则输出 {p}/{q}；其中 {n} 代表整数 $n$ 的值；
- 例如：

当 $v=-0.5$ 时，$p$ 和 $q$ 的值分别为 $-1$ 和 2，则应输出 -1/2；

当 $v=0$ 时，$p$ 和 $q$ 的值分别为 0 和 1，则应输出 0。

对于方程的求解，分两种情况讨论：

1. 若$\Delta=b^2-4ac<0$，则表明方程无实数解，此时你应当输出 NO；

2. 否则$\Delta\geqslant 0$，此时方程有两解（可能相等），记其中较大者为 $x$，则：

（1）若 $x$ 为有理数，则按有理数的格式输出 $x$。

（2）否则根据上文公式，$x$ 可以被唯一表示为 $x=q_1+q_2*\sqrt{r}$ 的形式，其中：

- $q_1,q_2$ 为有理数，且 $q_2>0$；
- $r$ 为正整数且 $r>1$，且不存在正整数 $d>1$ 使 $d^2|r$（即 $r$ 不应是 $d^2$ 的倍数）；

此时：

1. 若 $q_1\neq 0$，则按照有理数的格式输出 $q_1$，并再输出一个加号 +；

2. 否则跳过这一步输出；

随后：

1. 若 $q_2=1$，则输出 sqrt({r})；

2. 否则若 $q_2$ 为整数，则输出 {q2}*sqrt({r})；

3. 否则若 $q_3=\frac{1}{q_2}$为整数，则输出 sqrt({r})/{q3}；

4. 否则可以证明存在唯一整数 $c,d$ 满足 $c,d>1,\gcd(c,d)=1$ 且 $q_2=\frac{c}{d}$，此时输出 {c}*sqrt({r})/{d}；

上述表示中 $\{n\}$ 代表整数 $n$ 的值，详见样例。

如果方程有实数解，则按要求的格式输出两个实数解中的较大者，否则输出 NO。

【输入格式】

从文件 *uqe.in* 中读入数据。

输入的第一行包含两个正整数 $T, M$，分别表示方程数和系数绝对值的上界；接下来 $T$ 行，每行包含三个整数 $a, b, c$。

**【输出格式】**

输出到文件 uqe.out 中。

输出 $T$ 行，每行包含一个字符串，表示对应询问的答案，格式如题面所述。每行输出的字符串中间不应包含任何空格。

【样例 1 输入】

```
9 1000
1 -1 0
-1 -1 -1
1 -2 1
1 5 4
4 4 1
1 0 -432
1 -3 1
2 -4 1
1 7 1
```

【样例 1 输出】

```
1
NO
1
-1
-1/2
12*sqrt(3)
3/2+sqrt(5)/2
1+sqrt(2)/2
-7/2+3*sqrt(5)/2
```

【样例 2】

见选手目录下的 uqe/uqe2.in 与 uqe/uqe2.ans。

【数据范围】

对于所有测试数据有：$1 \leqslant T \leqslant 5000$，$1 \leqslant M \leqslant 10^3$，$|a|,|b|,|c| \leqslant M$，$a \neq 0$。

<table>
<tr><th>测试点编号</th><th>$M \leqslant$</th><th>特殊性质 A</th><th>特殊性质 B</th><th>特殊性质 C</th></tr>
<tr><td>1</td><td>1</td><td>是</td><td>是</td><td>是</td></tr>
<tr><td>2</td><td>20</td><td>否</td><td rowspan="3">否</td><td>否</td></tr>
<tr><td>3</td><td rowspan="6">$10^3$</td><td rowspan="2">是</td><td>是</td></tr>
<tr><td>4</td><td>否</td></tr>
<tr><td>5</td><td rowspan="4">否</td><td rowspan="2">是</td><td>是</td></tr>
<tr><td>6</td><td>否</td></tr>
<tr><td>7,8</td><td rowspan="2">否</td><td>是</td></tr>
<tr><td>9,10</td><td>否</td></tr>
</table>

其中：

- 特殊性质 A：保证 $b$=0；
- 特殊性质 B：保证 $c$=0；
- 特殊性质 C：如果方程有解，那么方程的两个解都是整数。

## 旅游巴士（bus）

**【题目描述】**

小Z打算在国庆假期期间搭乘旅游巴士去一处他向往已久的景点旅游。

旅游景点的地图共有 $n$ 处地点，在这些地点之间连有 $m$ 条道路。其中 1 号地点为景区入口，$n$ 号地点为景区出口。我们把一天当中景区开门营业的时间记为 0 时刻，则从 0 时刻起，每间隔 $k$ 单位时间便有一辆旅游巴士到达景区入口，同时有一辆旅游巴士从景区出口驶离景区。

所有道路均只能**单向通行**。对于每条道路，游客步行通过的用时均为恰好 1 单位时间。

小 Z 希望乘坐旅游巴士到达景区入口，并沿着自己选择的任意路径走到景区出口，再乘坐旅游巴士离开，这意味着他到达和离开景区的时间都必须是 $k$ 的**非负整数倍**。由于节假日客流众多，**小 Z 在坐旅游巴士离开景区前只想一直沿着景区道路移动，而不想在任何地点（包括景区入口和出口）或者道路上逗留**。

出发前，小 Z 忽然得知：景区采取了限制客流的方法，对于每条道路均设置了一个“开放时间” $a_i$，游客只有**不早于 $a_i$ 时刻**才能通过这条道路。

请你帮助小 Z 设计一个旅游方案，使得他乘坐旅游巴士离开景区的时间尽量早。

【输入格式】

从文件 bus.in 中读入数据。

输入的第一行包含 3 个正整数 $n,m,k$，分别表示旅游景点的地点数、道路数，以及旅游巴士的发车间隔。

输入的接下来 $m$ 行，每行包含 3 个非负整数 $u_i$, $v_i$, $a_i$，分别表示第 $i$ 条道路从地点 $u_i$ 出发，到达地点 $v_i$，道路的“开放时间”为 $a_i$。

【输出格式】

输出到文件 bus.out 中。

输出一行，仅包含一个整数，表示小 Z 最早乘坐旅游巴士离开景区的时刻。如果不存在符合要求的旅游方案，则输出 -1。

【样例 1 输入】

```
5 5 3
1 2 0
2 5 1
1 3 0
3 4 3
4 5 1
```

【样例 1 输出】

```
6
```

【样例 1 解释】

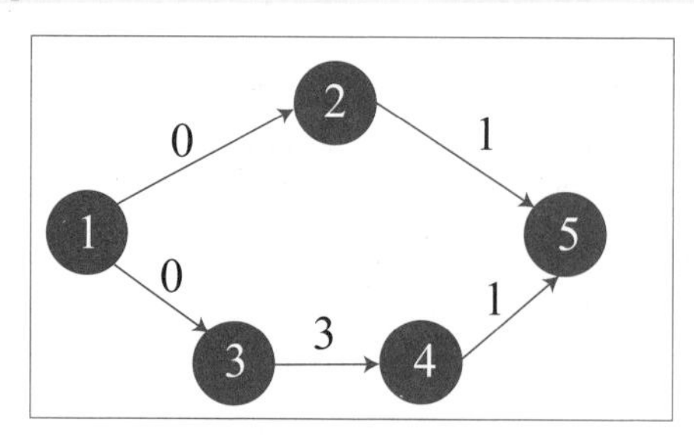

图 1：样例 1 示例

小Z可以在3时刻到达景区入口，沿 1→3→4→5 的顺序走到景区出口，并在 6 时刻离开。

【样例 2】

见选手目录下的 bus/bus2.in 与 bus/bus2.ans。

【数据范围】

对于所有测试数据有：$2 \leqslant n \leqslant 10^4$，$1 \leqslant m \leqslant 2\times10^4$，$1 \leqslant k \leqslant 100$，$1 \leqslant u_i$，$v_i \leqslant n$，$0 \leqslant a_i \leqslant 10^6$。

<table>
<tr><th>测试点编号</th><th>$n \leqslant$</th><th>$m \leqslant$</th><th>$k \leqslant$</th><th>特殊性质</th></tr>
<tr><td>1~2</td><td rowspan="2">10</td><td rowspan="2">15</td><td rowspan="2">100</td><td>$a_i$=0</td></tr>
<tr><td>3~5</td><td>无</td></tr>
<tr><td>6~7</td><td rowspan="5">$10^4$</td><td rowspan="5">$2\times10^4$</td><td rowspan="2">1</td><td>$a_i$=0</td></tr>
<tr><td>8~10</td><td>无</td></tr>
<tr><td>11~13</td><td rowspan="3">100</td><td>$a_i$=0</td></tr>
<tr><td>14~15</td><td>$u_i$<$v_i$</td></tr>
<tr><td>16~20</td><td>无</td></tr>
</table>

# 后记

亲爱的读者朋友们：

当您阅读到这里，本书已接近尾声。我想特别与您分享的是，与其盲目地学习，不如先深入了解整个编程学习路径，为孩子制订一个适合自身的学习计划。在与众多家长的交流中，我发现许多家长在规划孩子的编程学习路径上存在问题。有的孩子在一年级就开始学习 Python，而 Python 的学习需要至少小学三年级的数学知识；有的孩子直到五年级才接触图形化编程，而图形化编程是编程的启蒙课，更适合小学低年龄段学习；还有的孩子学习了两年编程，却从未参加过任何编程赛事；甚至有些条件优越的孩子，学了两年 C++ 后却不知如何继续规划，最终无奈放弃。每当听到这些消息，我都感到非常沉重。如果能为孩子的编程学习做好规划，那么无论是培养兴趣还是为将来的升学做准备，均大有裨益。

究竟该如何规划呢？如果您仔细阅读了前几章的内容，想必对编程和信息学已经有了一定的认识，也知道在学习路径上如何做好每一步的计划。这也是我决定撰写这本书的初衷，我衷心希望能与各位家长朋友们共同探讨，在孩子的学习道路上做好充分的准备和规划，避免走弯路。

对于孩子的编程学习，首先要明确目标。是为了培养兴趣和爱好，还是提升逻辑思维能力？是为了将来的职业发展，还是为了参加竞赛获奖？不同的目标需要不同的学习路径及方法。明确目标后，要根据孩子的年龄和认知水平选择合适的编程语言和工具。对于初学者来说，Scratch 是个不错的选择，它简单易懂，趣味性强，能在玩乐中培养编程兴趣。随着孩子年龄的增长和编程能力的提升，可以逐步学习 Python、C++ 等编程语言。

在学习过程中，我们要注重基础知识的夯实。编程就像盖房子，只有地基坚实，房子才能建得高耸。我们要让孩子掌握编程的基本概念、语法和算法，为后续学习打下坚实基础。同时，要鼓励孩子多动手实践，通过实际操作加深对知识的理解和掌握。此外，还要培养孩子的创新能力和解决问题的能力，让他们在学习中不断探索和尝试，提高综合素质。

除了注重基础知识学习，我们还要鼓励孩子积极参与编程竞赛和项目。通过这些活动，孩子能将所学知识应用于实际，提高解决问题能力和团队协作精神，还能结识志同道合的朋友，拓宽视野。在参与比赛和项目的过程中，孩子可能会遇到各种困难和挑战，我们要鼓励他们勇敢面对，从失败中吸取教训，不断成长和进步。

最后，我们要根据孩子的学习情况及时调整学习计划。每个孩子的学习进度和接受能力不同，我们要根据实际情况调整计划，确保孩子能跟上进度。同时，要关注孩子的学习兴趣和热情，避免过度压力导致厌倦。调整学习计划时，可与孩子沟通，听取他们的意见和建议，让他们感受到尊重和关爱。

总之，编程升学规划非常重要。它能让孩子少走弯路，提高学习效率，培养兴趣和能力。希望每位家长都能重视孩子的编程升学规划，为他们的未来打下坚实基础。

祝好！

汪阳青

# 反侵权盗版声明



举报电话：（010）88254396；（010）88258888

传　　真：（010）88254397

E-mail：dbqq@phei.com.cn

通信地址：北京市万寿路173信箱　电子工业出版社总编办公室

邮　　编：100036